"十一五"国家重点图书出版规划项目

数学文化小丛书

李大潜 主编

认识博弈的纳什均衡

Renshi Boyi de Nash Junheng

王则柯

图书在版编目（CIP）数据

数学文化小丛书. 第 2 辑: 全 10 册 / 李大潜主编. --北京:高等教育出版社，2013.9（2024.7 重印）

ISBN 978-7-04-033520-0

Ⅰ.①数… Ⅱ.①李… Ⅲ.①数学－普及读物 Ⅳ.①O1-49

中国版本图书馆 CIP 数据核字（2013）第 226474 号

项目策划　李艳馥　李蕊

策划编辑	李　蕊	责任编辑	张耀明	封面设计	张　楠
责任绘图	黄建英	版式设计	张　岚	责任校对	杨雪莲
责任印制	存　怡				

出版发行	高等教育出版社	咨询电话	400-810-0598
社　　址	北京市西城区德外大街 4 号	网　　址	http://www.hep.edu.cn
邮政编码	100120		http://www.hep.com.cn
印　　刷	保定市中画美凯印刷有限公司	网上订购	http://www.landraco.com
开　　本	787mm×960mm　1/32		http://www.landraco.com.cn
总印张	28.125		
本册印张	3.875	版　　次	2013 年 9 月第 1 版
字　　数	70 千字	印　　次	2024 年 7 月第 11 次印刷
购书热线	010-58581118	总 定 价	80.00 元

本书如有缺页、倒页、脱页等质量问题，请到所购图书销售部门联系调换
版权所有　侵权必究
物 料 号　12-2437-39

数学文化小丛书编委会

顾　问：谷超豪（复旦大学）
　　　　项武义（美国加州大学伯克利分校）
　　　　姜伯驹（北京大学）
　　　　齐民友（武汉大学）
　　　　王梓坤（北京师范大学）
主　编：李大潜（复旦大学）
副主编：王培甫（河北师范大学）
　　　　周明儒（徐州师范大学）
　　　　李文林（中国科学院数学与系统科学研究院）
编辑工作室成员：赵秀恒（河北经贸大学）
　　　　　　　　王彦英（河北师范大学）
　　　　　　　　张惠英（石家庄市教育科学研究所）
　　　　　　　　杨桂华（河北经贸大学）
　　　　　　　　周春莲（复旦大学）

本书责任编委：赵秀恒

数学文化小丛书总序

整个数学的发展史是和人类物质文明和精神文明的发展史交融在一起的。数学不仅是一种精确的语言和工具、一门博大精深并应用广泛的科学,而且更是一种先进的文化。它在人类文明的进程中一直起着积极的推动作用,是人类文明的一个重要支柱。

要学好数学,不等于拼命做习题、背公式,而是要着重领会数学的思想方法和精神实质,了解数学在人类文明发展中所起的关键作用,自觉地接受数学文化的熏陶。只有这样,才能从根本上体现素质教育的要求,并为全民族思想文化素质的提高夯实基础。

鉴于目前充分认识到这一点的人还不多,更远未引起各方面足够的重视,很有必要在较大的范围内大力进行宣传、引导工作。本丛书正是在这样的背景下,本着弘扬和普及数学文化的宗旨而编辑出版的。

为了使包括中学生在内的广大读者都能有所收益,本丛书将着力精选那些对人类文明的发展起过重要作用、在深化人类对世界的认识或推动人类对世界的改造方面有某种里程碑意义的主题,由学有

i

专长的学者执笔,抓住主要的线索和本质的内容,由浅入深并简明生动地向读者介绍数学文化的丰富内涵、数学文化史诗中一些重要的篇章以及古今中外一些著名数学家的优秀品质及历史功绩等内容。每个专题篇幅不长,并相对独立,以易于阅读、便于携带且尽可能降低书价为原则,有的专题单独成册,有些专题则联合成册。

希望广大读者能通过阅读这套丛书,走近数学、品味数学和理解数学,充分感受数学文化的魅力和作用,进一步打开视野、启迪心智,在今后的学习与工作中取得更出色的成绩。

李大潜

2005 年 12 月

目 录

一、博弈三要素与劣势策略消去法............ 1
二、纳什均衡和相对优势策略下划线法...... 11
三、混合策略与反应函数交叉法............ 28
四、纳什均衡的筛选...................... 46
五、零和博弈与最小最大方法.............. 71
六、零和博弈的线性规划解法.............. 89
怡情测试............................... 110
后记................................... 112

一、博弈三要素与劣势策略消去法

经典意义上的经济学,以经济主体人的自利行为以及相应的市场反应作为研究的出发点. 无论是消费者还是生产者,也无论是竞争形势还是垄断形势,基本上是经济主体人面对市场作出自己的最优决策. 形势严峻也好宽松也好,行为的结果是主体人自己决策的结果.

拿同质商品的市场来说吧,像垄断 (monopoly) 那样没有对手的决策是比较简单的,"计算"生产和供应多少东西到市场上去可以实现最大利润就可以了. 这时候,所论商品的市场价格由市场的需求和垄断企业的供给共同决定,因此说垄断企业是价格的决定者 (price maker). 当然还有另外"一个"价格决定者,那就是市场的需求,但是因为这个市场需求是千千万万消费者的消费意愿和消费能力的总和,所以它已经不再具有人格化的面貌. 另一方面,像完全竞争 (perfect competition) 那样对手很多的情况下的决策也比较简单,因为对手多了,他们的意愿、能力、特别是他们的决策相互汇合,其中也包括相互抵消,结果"全体对手的决策"和市场需求合在一起,呈现可以预见的规律,从而可以把对手们的整体反应归结为主体人面对的"一个"不再具有人格化面貌的市场. 因为占有市场份额很小的每个竞争企业,不能影响所论商品的市场价格,所以我们说竞争企业是价格的接受者 (price taker). 这时候, 给定商品的市场价格, 竞争企业要做的, 就是"计算"应该生产和供应多少商品到市场上去, 才可以实现最大利润.

现代经济活动早已超出上述模式. 特别是当主体人面对少数几个作为对手的主体人的时候, 主体人决策的后果, 要由他自己的决策和他的对手的决策共同决定. 前面说了, 垄断和完全竞争这两种极端情形的决策, 都是"计算型"决策. 最困难和最不确定的是只有少数几个对手的情形, 即所谓寡头经济 (oligopoly), 每一方的市场份额都很大, 每一个主体人的行为后果, 受对手的行为的影响都很大. 可口可乐公司和百事可乐公司, 几乎垄断了美国碳酸饮料的市场, 它们之间的争斗, 就可以看作是这个样子的争斗.

这种竞争, 是相当人格化的竞争. 每个主体人的行为, 对对手的利益影响很大, 每个主体人的利益, 又受到对手的行为的很大影响. 博弈论 (game theory) 就是研究利益关联 (包括利益冲突) 的主体人的策略对局的理论.

纳什均衡,是整个博弈论最核心最基础的概念,纳什均衡指的是任何参与人单独改变策略选择都不会增加自己的博弈所得的这样一种策略对局.

让我们从博弈论最深刻的模型**囚徒困境** (Prisoner's Dilemma) 说起.

一次严重的纵火案发生后,警察在现场抓到甲乙两个犯罪嫌疑人.事实上正是他们为了报复而一起放火烧了这个仓库,但是警方没有掌握足够的证据.于是,警方把他们隔离囚禁起来,要求坦白交代.如果他们都承认纵火,每人将入狱三年;如果他们都不坦白,由于证据不充分,他们每人将只入狱一年;如果一个抵赖而另一个坦白并且愿意作证,那么抵赖者将入狱五年,而坦白者将得到宽大释放,免予刑事处罚.这样,两个犯罪嫌疑人面临的博弈格局如表 1.1 所示,每个格子中左下角的数字是甲的博弈所得,右上角的数字是乙的博弈所得.注意,现在这些数字都不是正数.

表 1.1 囚 徒 困 境

乙

		坦白	抵赖
甲	坦白	-3 / -3	-5 / 0
	抵赖	0 / -5	-1 / -1

表述一个博弈 (game) 的基本要素有三个:

一, **参与人**或者局中人 (players);

二, 他们可选择的**行动** (actions) 或**策略** (strategies);

三, 所有可能的对局的博弈结果, 用参与人在相应对局下的博弈所得来表示, 这个博弈所得, 叫做**支付** (payoffs). 这里注意, "支付" 要理解为因为他们参与博弈所得到的支付, 而不是他们付出的支付.

在囚徒困境博弈中, 博弈的两个参与人是犯罪嫌疑人甲和犯罪嫌疑人乙; 他们可以选择的策略都是同样的两个, 即坦白和抵赖; 甲在各种对局下之博弈所得, 是相应格子里面左下角的数字, 乙在各种对局下之博弈所得, 是相应格子里面右上角的数字.

这种用矩阵形式的表格表示两个参与者的博弈所得的做法, 来自博弈理论的一位先驱学者**托马斯·谢林** (Thomas C. Schelling). 我们从代数中早已熟悉的矩阵, 每个位置一个数, 一般用两条弧线或者方括号括住. 现在这种博弈矩阵, 每个格子位置有行参与人的支付和列参与人的支付这样两个数字, 一般写成表格, 叫做**双矩阵** (bi-matrix).

美国普林斯顿大学经济学系的**迪克西特** (Avinash K. Dixit) 教授和耶鲁大学经济学和管理学教授**奈尔伯夫** (Barry J. Nalebuff) 在他们的博弈论普及读物《策略思维》[①] 中告诉我们, 谢林教授曾经说过: "假如真有人问我有没有对博弈论做出一点贡献, 我会回答有的. 若问是什么, 我会说我发明了用一个矩阵反映双方得失的做法 …… 我不认为这

---

① 可以参看中国人民大学出版社出版的中译本.

个发明可以申请专利,所以我免费奉送,不过,除了我的学生,几乎没有人愿意利用这个便利.现在,我也供给各位免费使用我发明的矩阵."

谢林教授这么说,实在是太谦虚了.要知道,他在 1960 年出版的著作《对抗的策略》,迄今是博弈论方面很有影响的文献.他的其他论著,有《抉择与后果》、《军备与势力范围》、《策略分析与社会问题》等.他对博弈论有非常大的贡献.虽然谢林教授的博弈论写作以著作为主,与其他博弈论学者以论文为主很不相同,并且谢林的写作以语言描述为主,很少采用更加时髦的数学形式的推导,但是他对于博弈论的巨大的和启发性的贡献,最终还是得到国际学界的承认.喜欢语言描述的谢林教授和非常数学化的**奥曼** (Robert Aumann) 教授,因为对于博弈论的巨大贡献,一起获得 2005 年度的经济学诺贝尔奖.

在囚徒困境中,如果两个嫌疑犯都是只为自己利益打算的所谓**理性主体人** (rational agent),两位犯罪嫌疑人博弈可能的结果会怎样呢?要是乙抵赖,那么如果甲坦白,甲就可以得到宽大释放,但是如果甲抵赖的话甲要坐一年牢;要是乙坦白,那么如果甲也坦白的话甲要坐三年牢,但是如果甲抵赖的话甲可要坐五年牢.可见对于甲来说,不管乙采取什么策略,他坦白自己总是比较有利的.所以两相比较,坦白是他的全面的严格的优势策略.

全面,指的是不论对方采取哪个策略,当事人的这个策略比他别的策略总是显示优势:对方坦白,我坦白比抵赖好；对方抵赖，我也是坦白比抵赖好. 严格，指的是这个优势策略给当事人带来的支付确实要好一些：对方坦白，我坦白得 -3 确实比抵赖得 -5 好；对方抵赖，我坦白得 0 也确实比抵赖得 -1 好. 这里, 严格是说：-3 不仅仅是不差于 -5, 而且是严格好于 -5; 0 不仅仅是不差于 -1, 而且是严格好于 -1. "全面的严格的优势策略" 说起来拗口，我们约定以后可以就简称为**严格优势策略** (strictly dominant strategy). 优势劣势是比较而言的. 在这个博弈中，既然坦白是严格优势策略，那么严格劣于它的抵赖策略就是相应的**严格劣势策略** (strictly dominated strategy).

同样道理，坦白也是犯罪嫌疑人乙的全面的严格的优势策略，抵赖是相应的严格劣势策略.

理性的主体人，不会采用对自己明显不利的严格劣势策略. 所以在分析博弈可能的结局的时候，如果我们发现一个参与人可以选择的某个策略是他的严格劣势策略的时候，我们应该把参与人的严格劣势策略删去. 下面图中一横一竖的两条粗实线，就代表我们把两个参与人各自的严格劣势策略删去.

这个博弈非常简单，每个参与人只有两个可选择的策略. 当博弈双方的严格劣势策略都删去以后，就只剩下左上角一个策略对局了. 于是我们得到 "坦白, 坦白" 得 (-3, -3) 这个严格优势策略均衡. 注意, 在 (-3, -3) 这样的写法中，第一个数字是表格左方博弈参与人之所得，第二个数字是表格上方博弈参与人之所得 (表 1.2).

表 1.2　劣势策略消去法

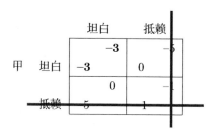

经济学习惯把市场力量对峙的稳定结局,叫做市场均衡 (equilibrium). 比方说水果市场,供不应求将驱使价格上升,供大于求将迫使价格下降,供求力量对峙的结果,会在某个价格水平达到市场供求的均衡,即需求量和供给量相等. 但是像上面这样用删去劣势策略的方法得到的由双方的严格优势策略组成的对局,作为这个博弈的均衡,叫做**严格优势策略均衡** (equilibrium of strictly dominant strategies). 这种通过把严格劣势策略删去以寻求对局结果的方法,叫做严格劣势策略消去法. 如果甲乙都有三四个甚至更多的策略选择,通常需要一次一次又一次把严格劣势策略删去,才能最后得到一个严格优势策略均衡. 一次一次把严格劣势策略删去以寻求对局结果的方法,叫做**严格劣势策略逐次消去法** (iterated elimination of strictly dominated strategies).

"囚徒困境"固然是博弈论专家设计的例子,但是囚徒困境博弈模型可以用来描述两个企业的"价格大战"等许多经济学现象.

经济学特别地把两个企业合起来垄断或几乎垄断了某种商品的市场,称为**双寡头经济** (duopoly). 双寡头经济是前面提到过的寡头经济的一种. 寡头经济可以有好几个企业,双寡头只限于两个企业. 两个企业互相竞争,都想打垮对手,争取更大的利润. 可口可乐公司和百事可乐公司,几乎垄断了美国碳酸饮料的市场,它们之间的争斗,可以看作是这个样子的争斗.

争斗的目的,最后当然是增加自己企业的利润. 可能有些读者会想,要增加利润,那就要提高商品的价格. 东西卖得贵了,钱不就赚得多了吗? 的确,如果只有你一家企业垄断了整个市场,有时候提高价格可能增加你的利润. 但是现在存在两家相互竞争的企业,消费者可以在两家之间选择. 这时候,提价的结果不仅不能增加利润,反而可能会使自己企业的利润下降. 这里,要紧的因素是市场份额. 如果你提价,对方没有提价,你的商品贵了,消费者就不买你的商品而买你的对手的商品. 这样,你的市场份额会下降很多,利润也就急剧下降. 这是历经市场经济洗礼的读者都明白的道理. 你提价了,而对方的价格没有提高,他的生意会比原来好得多,利润就可能大幅度上升. 但是如果两个企业都采取比较高的价格,消费者没有别的选择,贵也只好买,两个企业的利润都会上升.

假定两个企业都采取比较低的价格,可以各得利润 3 亿美元; 都采取比较高的价格,各得 5 亿美元利润; 而如果一家采取较高的价格而另一家采取较低的价格,那么价格高的企业利润为 1 亿美元,价格低的企业因为多销利润将上升到 6 亿美元. 这时候, 究竟是采用较高的价格好还是采用较低的价格好, 两个企业面临的博弈或对策, 可以在下面的表 1.3 表示出来, 单位是亿美元, 现在都是正数.

表 1.3 价格大战

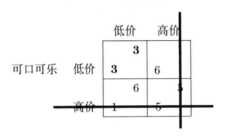

很明显, 对于两个企业, 高价都是他们的严格劣势策略, 所以, 根据严格劣势策略消去法, 双方价格大战的结果, 是左上方那个格子代表的对局, 即双方都采取低价策略进行价格大战, 各赚 3 亿美元的情况.

比较囚徒困境的博弈和价格大战的博弈, 对数字敏感的读者马上发现, 要是把囚徒困境博弈的矩阵表示中的每个数字都加上 6, 正好就变成了现在价格大战博弈的矩阵表示. 如果你一开始就发现了这一点, 你马上可以肯定博弈的结果是左上方的格子, 那么价格大战的结果就不需要重新用严格劣势策略消去法来做了. 事实上, 每个数目都加大 6, 那么优势的仍然优势,劣势的仍然劣势,对局形势并没有任何实质性的变化.

将来我们还会进一步看到,许多商战的对策形势,都可以像价格大战博弈那样,归结为囚徒困境博弈. 这也是为什么博弈论的书通常都要从囚徒困境博弈讲起的道理.

为什么两个企业那么愚蠢要进行价格大战呢? 那是因为每个企业都以对方为敌手,只关心自己一方的利益. 在价格大战博弈中,只要以对方为敌手,那么不管对方的决策怎样,自己总是采取低价策略会占便宜. 这就促使双方都采取低价策略. 但是,如果双方勾结或合作起来,都实行比较高的价格,那么双方都可以因为避免价格大战而获得较高的利润. 有人把这样一种双方都采取高价策略的对局形势,叫做**双赢** (two-win 或者 win-win) 对局.

由于在这个企业价格大战博弈之中,如果双方勾结或联手采取高价策略,双方将都是双赢对局的赢家,所以我们常常把价格大战的参与人采取高价策略,说成他们采取**合作**策略,意指与对方合作. 相应地,如果参与人采取低价策略,就说他采取**不合作**策略,或者**背叛**策略.

二、纳什均衡和相对优势策略下划线法

如果博弈参与人没有严格的优势策略怎么办? 难道参与人没有严格的优势策略的博弈, 就没有稳定的结局了吗? 情况并非如此.

现在, 我们借助改编自**性别之战** (the battle of sexes) 的**情侣博弈**引入博弈论最重要的"纳什均衡"的概念. 所谓纳什均衡, 是由参与人的相对优势策略组成的策略组合, 纳什均衡也是博弈的稳定的结局, 因为在这种对局之下, 没有参与人有单独改变策略选择的激励. 这正是纳什均衡概念的精髓所在.

我们还介绍寻求纳什均衡的相对优势策略下划线法, 并且借助情侣博弈试图澄清一些人对于现代经济学理性人假设的误解.

情侣还讲什么博弈? 你可能这样问. 其实, 即使是情侣, 双方的爱好或者偏好还是不完全相同的. 设想大海和丽娟正在热恋. 周末晚上, 中国足球队要在世界杯外围赛中和伊朗队作生死之战, 大海是个超级球迷,当然不愿错过.正好这个周末的晚上,俄罗斯一个著名芭蕾舞剧团莅临该市演出芭蕾舞剧《胡桃夹子》.丽娟最崇尚斯拉夫民族的歌唱和芭蕾,她怎么肯放过正宗俄罗斯的芭蕾《胡桃夹子》?那么,一个在自己家里看电视转播的足球,一个去剧院看芭蕾演出,不就得了?问题在于,他们是热恋中的情侣.分开各自度过这难得的周末时光,才是最不乐意的事情.这样一来,他们真是面临一场温情笼罩下的"博弈"(表 2.1):

表 2.1 情 侣 博 弈

丽娟

		足球	芭蕾
大海	足球	1 2	0 0
	芭蕾	−1 −1	2 1

从"情侣还讲什么博弈"这个问题讲开去,我们需要明白,并非只有利益对抗才能论博弈,而是只要利益相关就成立博弈关系.

在情侣博弈中,双方都没有严格优势策略和严格劣势策略.我们不妨这样给大海和丽娟的"满意程度"赋值:如果大海看球让丽娟一个人去看芭蕾,双方的满意程度都为 0;两人一起去看足球,大海的满意程度为 2,丽娟的满意程度为 1;两人一起去看芭蕾,大海的满意程度为 1,丽娟的满意程度为 2.应该不会有丽娟独自看球而大海独自去看芭蕾的可能,不过人们还是把它写出来,设想因此双方的满意程度也都是 -1. 这样来描述大海和丽娟的情侣博弈,你觉得怎么样?

读者已经知道寻求"严格优势策略均衡"的"严格劣势策略消去法". 现在, 芭蕾不是大海的劣势策略, 因为如果丽娟坚持芭蕾, 他选足球只得 0, 选芭蕾却还可得 1. 足球当然更不是大海的劣势策略. 所以, 大海没有绝对的劣势策略. 同样, 丽娟也没有绝对的劣势策略. 这样, 严格劣势策略消去法就没有用武之地了.

但是, 他们总会做出一个较好的选择, 因为他们是热恋的情侣. 博弈论中最重要的概念**纳什均衡** (Nash equilibrium), 指明了情侣博弈等一大类策略优势不那么明显的博弈的结局. 这里所谓策略优势不那么明显, 指的是双方都没有"不论对方采取什么策略我总是采取这个策略好"的严格优势策略. 其实, 我们只须关心一种双方"相对的优势策略"的组合. 在情侣博弈中, 双方都去看足球, 或者双方都去看芭蕾, 就是我们所说的相对的优势策略的组合: 一旦处于这样的位置, 双方都不想单独改变策略, 因为单独改变没有好处. 准确地说, 纳什均衡指的是**任何参与人单独改变策略选择都不会增加自己的博弈所得**的这样一种策略对局. 比方说两人一起看足球, 大海得 2 丽娟得 1; 如果大海单独改变去看芭蕾, 变成自己得 -1, 没有好处; 如果丽娟单独改变去看芭蕾, 也变成自己得 0, 同样没有好处. 所以, 两人一起去看足球,是稳定的博弈对局. 按照同样的思路, 两人一起去看芭蕾, 也是稳定的博弈对局.

纳什是在 1950 年建立这一概念的数学家, 由于对博弈论做出奠基性的贡献, 他在 1994 年荣获诺贝尔经济学奖. 在情侣博弈中, 双方都去看足球, 或者双方都去看芭蕾, 是博弈的两个纳什均衡. 我们在博弈的上述表示中, 用黑体数字表达两个纳什均衡的位置.

这里要注意的是, 纳什均衡不是 (2, 1) 和 (1, 2), 而是 (足球, 足球) 和 (芭蕾, 芭蕾), 因为均衡是双方策略的组合, 而不是指这种策略组合之下双方之博弈所得. 两个纳什均衡分别是: 大海选足球丽娟也选足球; 丽娟选芭蕾大海也选芭蕾. 我们只是用 (2, 1) 指示大海选足球丽娟也选足球这个 (足球, 足球) 均衡, 用 (1, 2) 指示丽娟选芭蕾大海也选芭蕾这个 (芭蕾, 芭蕾) 均衡. 总之, 两个纳什均衡是 (足球, 足球) 和 (芭蕾, 芭蕾), 在这两个均衡, 博弈双方之所得分别是 (2, 1) 和 (1, 2). 我们在前面说过, 在 (2, 1) 或者 (1, 2) 这样的写法中, 第一个数字是博弈的 "**行参与人**" (row player) 大海之所得, 第二个数字是博弈的 "**列参与人**" (column player) 丽娟之所得.

因为绝对优势策略一定是相对优势策略, 所以很显然, 前面讨论因徒困境那样的博弈时建立的严格优势策略均衡, 也都属于现在引入的纳什均衡. 但是, 纳什均衡却不一定是严格优势策略均衡. 一句话, 纳什均衡的概念要求比较宽, 比较低, 严格优势策略均衡的概念要求比较高, 比较窄. 参与人的相对优势策略,指的是相对于对手的具体策略选择这个策略比别的策略具有优势;如果是多人博弈,那就是相对于对手们的具体策略选择这个策略比别的策略具有优势.

情侣博弈的故事有许多不同的版本,现在我们再讲一个.假定陈明和钟信都是某大学英语系的学生,一直是很要好的朋友.高年级了,他们在考虑选修第二门外国语.陈明偏向修德语,钟信偏向修法语,但是最要紧是两人选同一门课,这样才可以一起复习一起对话,继续他们以往如切如磋如琢如磨相得益彰的同学生涯.这时,他们面临的抉择,可以表示为下面的博弈 (表 2.2),其中的支付 0 表示未能发挥相得益彰的好处:

表 2.2 选修课博弈

钟信

		德语	法语
陈明	德语	**2** **3** 1	1 1
	法语	0 0	**3** 2

纳什均衡是稳定的,就是说处于纳什均衡的时候,任何一方都不想单独改变策略选择,因为单独改变不会带来进一步的好处.

情侣博弈与经济决策有什么关系呢?这就要看你的想像力了.比如两个相邻的企业都要解决各自

的供水问题.如果他们各干各的,成本就会比较高,效益就没那么好.如果两个企业联合起来一起投资建设共用的供水系统,效益就会比较好.但是在选定合作方案的时候,由于各种因素,在携手合作的大前提下,还是可能有小算盘的考虑.你想这样,他想那样,这也是人之常情嘛.这种合作比不合作好,但是在合作的大局下面又不免有小算盘、不免打小九九的对局,不就是情侣博弈这样的博弈格局吗?

至此我们知道,所谓纳什均衡,就是双方的一种策略对局形势,在这种对局之下,每一方都不想从这时候对峙的策略单独偏离出去,因为单独改变不会带来进一步的好处.值得注意的是,上面两节的各种情侣博弈的纳什均衡,我们都是"看"出来的.当然,能够看出来,并且完成论证,也是本事.但是如果对局复杂一些,不容易看出来,那该怎么办?

有办法.这就是现在我们要讲的相对优势策略下划线法.具体做法如下 (表 2.3):

表 2.3 相对优势策略下划线法

丽娟

		足球	芭蕾
大海	足球	**1** / **2** 0	0 / 0
	芭蕾	-1 / -1	**2** / **1**

在我们熟悉的上面这个情侣博弈中,如果大海

选足球,丽娟的"相对优势策略"是也选足球,这样她可以得 1, 总比她选芭蕾将得 0 好. 于是, 我们在左上方格子中的右上角的 1 下面划线; 如果大海选芭蕾, 丽娟求之不得当然选芭蕾可以得 2, 这时芭蕾是她的相对优势策略, 于是我们在右下方格子中的右上角的 2 下面划线. 同样, 如果丽娟选足球, 大海当然选足球从而他可以得 2, 这是他的相对优势策略, 我们应该在左上方格子中左下角的 2 下面划线; 如果丽娟选芭蕾, 大海也选芭蕾他可以得 1 为好, 芭蕾变成大海的相对优势策略, 于是我们在右下方格子中左下角的 1 下面划线.

纳什均衡可以采用上述**相对优势策略下划线法** (Method of underlining relatively dominant strategies) 来确定: 首先像上面所做的, 逐次在相应的支付数字下面划线, 标示参与人相对于对方可能的策略选择 (一行或一列) 的相对优势策略的位置. <u>双方的相对优势策略都这样在相应的支付数字下面划线以后, 如果哪个格子里面两个数字下面都被划线, 这个格子所对应的双方相对优势策略的组合, 就是一个纳什均衡.</u>

这样运用相对优势策略下划线法, 因为有两个格子都是其中的两个支付数字的下面都被划了线, 我们马上可以知道, 上述情侣博弈有两个纳什均衡, 一个是一起看足球, 分别得 (2, 1), 一个是一起去看芭蕾, 双方的支付为 (1, 2). 在上述博弈矩阵中, 这两个均衡都已经用黑体字表示出来.

必须说明的是, 以前讲过的可以直接用 "劣势策略消去法"做出来的"优势策略均衡",都可以用现在讲的"相对优势策略下划线法"来做. 道理其实很简单: 绝对优势策略一定是相对优势策略.

以最早讲的囚徒困境为例, 如果甲坦白, 乙的相对优势策略是也坦白, 所以要在左上方格子里面右上角的 -3 下面划线; 如果甲抵赖, 乙的相对优势策略还是坦白, 所以要在左下方格子里面右上角的数字 0 下面划线. 再看甲: 如果乙坦白, 甲的相对优势策略是也坦白, 这样我们应该在左上方格子里面左下角的数字 -3 下面划线; 如果乙抵赖, 甲的相对优势策略还是坦白, 所以要在右上方格子中左下角的数字 0 下面划线. 这样把所有相对优势策略全部在相应的支付数字下面划线标记以后, 就可以看到, 只有左上方一个格子是两个支付数字下面都被划了线的, 这个格子代表的策略组合 (坦白, 坦白) 就是囚徒困境博弈的均衡 (表 2.4). 它是以前讲的优势策略均衡, 也是现在讲的纳什均衡.

表 2.4　相对优势策略下划线法讨论囚徒困境

乙

		坦白	抵赖
甲	坦白	**−3**　**−3**	−5　　0
	抵赖	0　　−5	−1　−1

归纳起来, 前面讲过的优势策略均衡一定也是

纳什均衡,因为如果已经处于绝对优势策略的位置的话,不会有单独改变策略选择的激励. 另外,可以用以前讲的劣势策略消去法做出来的优势策略均衡,一定可以用现在讲的相对优势策略下划线法做出来,虽然还是采用劣势策略消去法比较方便.

借助情侣博弈,我还想为现代经济学的**理性行为假设** (assumption of rationality) 说几句话.

现代经济学所谓经济主体人的"理性行为",被许多人误解为假设人们都自私自利. 其实不是这样. 现代经济学所说的理性行为,说的是经济主体人奔着自己的目标函数的"最大化"而去,就是说努力在既有的约束条件之下使自己的目标函数的函数值达到最大.

首先,理性的经济主体人有一个明确的"目标函数",其次,他的行为是努力让他的目标函数的"函数值"达到最大. 这就是现代经济学的理性人假设. 所以,如果用通俗的语言讲,所谓理性人,就是目标明确的人. 仅此而已,岂有他哉!

看到这里,读者不免要问,这样简单的模式假设,何以概括大千世界那许许多多目标明确的主体人呢? 这个问题提得好,症结就在这里. 许许多多目标明确的主体人,他们的目标各不相同,造就了我们这个五彩缤纷、千姿百态的现实世界.

以"目标明确"四个字为主要特征的理性人模式,概括力非常强,差别在于各人的目标不同. 如果某个人的目标函数是他个人财富的总值,从而他的行为的目标是个人财富最大化,那么他的确是只考虑自己利益最大化的经济主体人. 但是如果某个人甲的目标函数是另一个人乙的幸福和快乐, 那么甲已经不是只关心自己利益的主体人了. 符合这种模式的人很多, 通常意义下的母爱, 就大体上可以用这种目标函数之下的理性行为来描述.

经济学者当中, 流传着"进入目标函数了"的说法. 原来, 大千世界有一些大多数人觉得不可理喻的行为, 但是经济学者觉得还是可以理解. 例如, 香港、广州都发现过个别居民喜欢收集垃圾的案例, 他们自己满屋子都是垃圾, 臭气熏天, 老鼠成群, 惹得邻居十分恼火. 但是在经济学者看来, 他们也是理性人, 只不过他们把收集旁人看来是垃圾的东西作为自己的目标罢了. 收集垃圾, 越多越好, "垃圾进入目标函数了", 从而这种怪异行为还是可以理解. 垃圾自然低下. 不那么低下的, 可以想像收集石头. 假设一位教授非常热衷收集石头, 弄得满屋子都是, 夫人也不胜其烦. 这种行为似乎不可理喻. 但是在经济学者看来, "石头进入目标函数了", 道理就是那么简单. 推而广之, 假如一个人老是帮另一个人说话, 经济学者也把这种情况描述为另一个人"进入了(这个人的) 目标函数".

可见, 行为怪异不等于非理性行为. 怪异的行为可能还是理性行为, 只不过他的目标函数怪异罢了.

与此相对, 如果某个人的目标函数是天底下劳苦大众的生活水平, 他的行为目标是让天底下劳苦大众都能够过上好日子, 那么他这个理性人就是天底下最大公无私的人物了.

在我们已经讨论过的模型当中,西方的政治家可以说以选票数目作为自己的目标函数,追求选票数目最大,以便当选议员、省长、州长甚至总统. 可口可乐公司和百事可乐公司可以说以自己的销售利润作为目标函数,追求企业利润最大化.

战争当中,双方都把克敌制胜作为自己的目标,细分下去还可以要求歼灭敌人越多越好. 在当年江西中央苏区的反围剿斗争中,一些指挥员以地盘大小为目标函数,另外一些指挥员以歼灭多少敌人有生力量为目标函数,他们都是理性的战争主体人,都符合理性行为的模式. 至于以地盘大小为目标的行为遭到失败,以歼灭敌人有生力量为目标的行为赢得胜利,那是另外一个问题. 不能因为失败,就说当事人一定不是理性的主体人.

总之,理性行为不等于自私自利.

前面谈了"理性行为"未必自利,更未必自私自利. 现在我们进一步谈谈不该一律贬斥自利行为.

觉得自利行为一定要损害别人,这是一些对现代经济学无聊批评的实质内涵. 居民想生活得好一些,企业想利润高一些,不都是天经地义的事情吗? 这当然是理性行为. 现代经济学正是在这种自利的假设之下,给我们展示发达市场经济的前景. 如果你在伦理上还是接受不了希望自己好的理性行为,老是觉得必须依靠希望别人好社会才能发展得好一些,那么为什么不换个角度想想,现代经济学已经说明了"为自己"的社会会发展得很好,那么我们这个许多人还为别人着想的社会,理应发展得比经济学展示的前景更好. 这样想, 你会不会觉得舒服一些?

但是, 完全不为自己着想就好吗? 实在不见得. 大家读过美国作家**欧 · 亨利**著名的短篇小说《**麦琪的礼物**》(The Gift of the Magi, by O. Henry), 我这里给出它的一个版本: 吉姆和德拉小两口很穷. 吉姆有一只挂表, 但是穷得没了表链; 德拉有一头金色的秀发, 可穷得连梳子也买不起. 圣诞节到了, 吉姆送给德拉一个梳子, 德拉送给吉姆一条表链. 可是, 德拉再也不需要梳子了, 因为她卖了秀发为吉姆买回了表链; 吉姆再也不需要表链了, 因为他卖了挂表为德拉买了梳子. 原来, 吉姆是多么欣赏德拉的一头金色的秀发啊, 德拉一向又是多么深情地看着吉姆注视他母亲遗留的挂表. 可是现在, 他们什么都没有了.

这差不多就是周末节目情侣博弈中左下角的非理性结局, 如果不是陪丽娟, 大海没有道理去看芭蕾, 如果不是陪大海, 丽娟没有道理去看足球. 他们都陷入非理性行为.

但是, 我们可以专门建立一个模型来分析吉姆和德拉的圣诞礼物博弈: 小两口往常过着平淡而心心相印的生活, 各得 1; 如果吉姆把表卖了给德拉买梳子, 吉姆得 2, 德拉得 3; 如果德拉剪去一头秀发换回表链给吉姆, 德拉得 2, 吉姆得 3. 这些应该讲得过去, 或者你把 2 和 3 对调也行. 但是吉姆卖表买梳子和德拉剪发换表链同时发生, 那么他们一定都非常非常伤心, 伤心做了永远难以弥补的蠢事, 各得 −4 (表 2.5). 这不是我罚他们, 是他们自己的心境.

表 2.5 《麦琪的礼物》博弈

德拉

	剪秀发换表链	不剪
吉姆 卖表买梳子	-4, -4	**3**, **2**
不卖	**2**, **3**	1, 1

你看,《麦琪的礼物》这个博弈中,本来两个纳什均衡的结局都比较好,但是由于小两口不遵循理性行为准则,结果德拉再也不需要梳子了,因为她卖了秀发为吉姆买回了表链,而吉姆也不再需要表链了,因为他卖了挂表为德拉买了梳子. 叫人多么痛心.

国人说的"保重身体,就是孝敬父母,就是珍重朋友",还是很有道理的.

顺便说说,西风东渐,国人也开始讲究礼物要让人惊喜.《麦琪的礼物》还告诉我们,惊喜是奢侈品,如果你还不富裕,你享受不起.

讲到现在,我们知道表达和讨论一个博弈,最重要的是写清楚博弈的支付矩阵,而博弈叫做什么名称的博弈,参与人姓名叫什么身份是什么角色是什么,甚至各个策略叫做什么策略,都不是实质的东西. 下面讨论的一些博弈,参与人只是甲和乙,可供他们选择的策略叫做上策略和下策略,左策略和右策略,依它们写在上还是下,写在左还是右而定.

在介绍了相对优势策略下划线法以后, 有必要回过头来再稍许深入一点看看开头学习的劣势策略消去法.

我们在介绍劣势策略消去法以后所做的例子, 消去的都是 "全面的严格的" 劣势策略. 现在看下面这个 "例题博弈", 考虑是否能够找出博弈的纳什均衡以及如何找出博弈的纳什均衡的问题. 读者看到, 甲选择下策略所得的 0 和 0, 总是不比选择上策略所得的 800 和 0 好. 这么看来, 甲应该删去他的下策略. 同样, 乙选择右策略所得的 0 和 1000, 总是不比选择左策略所得的 600 和 1000 好, 因此, 乙应该删去他的右策略. 这样做了以后, 我们得到这个博弈的一个纳什均衡, 就是 (上, 左), 即甲选择他的上策略、乙选择他的左策略这样的策略对局 (表 2.6).

表 2.6 消去法解例题博弈

	乙	
	左	右
甲 上	600 / 800	0 / 0
下	1000 / 0	1000 / 0

做到这里, 容易形成这样的看法, 就是这个博弈没有其他 (纯) 策略纳什均衡了, 因为成为 (纯) 策略纳什均衡的其他可能性, 都被删去线删去了. 具

24

体来说, 就是删去线扫荡了表示所有其他三种 (纯) 策略组合的那三个格子. 这里需要说明, 相对于后面将要介绍的所谓混合策略, 迄今我们学过的策略都是 "纯策略". 至于为什么要叫做纯策略, 留待那个时候再说, 目前在需要强调的时候, 我们姑且把迄今学过用过的策略, 都写成 "(纯) 策略".

但是, 这个博弈是否只有 (上, 左) 这一个 (纯) 策略纳什均衡呢? 不是. 只要我们运用相对优势策略下划线法做做, 就可以发现, 这个博弈还有 (下, 右) 这个 (纯) 策略纳什均衡 (表 2.7).

表 2.7　下划线法解例题博弈

乙

	左	右
甲　上	**600** **800**	0 <u>0</u>
下	<u>1000</u> 0	**1000** **<u>0</u>**

问题出在哪里呢? 出在虽然甲选择下策略所得的 0 和 0, 总是不比选择上策略所得的 800 和 0 好, 但是下策略不是全面严格的劣. 具体来说, 甲选择下策略所得的头一个 0 固然比选择上策略所得的 800 差, 但是他选择下策略所得的第二个 0, 却不比选择上策略所得那个 0 差. 可是我们就这样把甲的下策略删去了. 这与我们原来要求的劣势策略消去法不符.

那么，像刚才做的那样，只要判断一个(纯)策略不比某个(纯)策略好，就把它删去，这种做法有没有合理性呢？

合理性还是有的. 所谓一个(纯)策略不比某个(纯)策略好，当然是指它在每一个位置都不比那个(纯)策略好. 既然这个(纯)策略在每一个位置都不比某个(纯)策略好，参与人就有道理不保留它.

博弈论把这种不是全面严格劣势的劣势策略，叫做**弱劣势策略** (weakly dominated strategy). 注意弱劣势策略不是比原来说的全面严格的劣势策略更差的策略，反而是可能比原来说的全面严格的劣势策略好一点的策略. 这里，"弱"的不是策略本身，"弱"的是它与优势策略的差距，就是说差距没有那么大. 相对于某个优势策略的两个劣势策略，一个差距大，一个差距小，当然是差距"弱"的要强一点.

虽然删去弱劣势策略有它的合理性，问题是这样做的杀伤力比较大. 在例题博弈中它把另外一个纳什均衡"杀"掉，就是一个例子. 本书特意用虚线表示这种可以叫做"弱劣势策略消去法"的做法，以示区别.

可以安慰的是，虽然弱劣势策略消去法的杀伤力比较大，但是不会把所有(纯)策略纳什均衡都"杀"掉，而且做出来的那个(纯)策略纳什均衡，往往还是最"强壮"的纳什均衡. 其中的道理，就留给读者自己琢磨了.

明白这一点以后，我们可以因应具体的情况和具体的要求，考虑是否运用弱劣势策略消去法去解决面对的博弈问题. 如果只需要做出一个 (纯) 策略纳什均衡, 那么尽可以采用弱劣势策略消去法. 相反, 如果需要完整地分析纯策略纳什均衡的情况, 却还是依赖大刀阔斧的弱劣势策略消去法, 通常就不适宜了.

三、混合策略与反应函数交叉法

我们迄今讨论过的博弈,其纳什均衡都是这个参与人的某个策略与那个参与人的某个策略组成的适当对局,但是下面将介绍的"扑克牌对色游戏"博弈,却没有这种由参与人的这个那个现成策略组成的纳什均衡. 那么,是不是说扑克牌对色游戏博弈就没有纳什均衡呢? 不是. 虽然扑克牌对色游戏博弈没有迄今我们介绍过的那种纳什均衡,却有我们即将介绍的所谓混合策略的纳什均衡.

现在请大家玩所谓**扑克牌对色游戏** (Game of color-matching): 两人博弈,每人从自己的扑克牌中抽一张出来,一起翻开. 如果颜色一样,甲输给乙一根火柴; 如果颜色不一样,甲赢得乙的一根火柴. 为了确定起见,我们不允许出扑克牌中的"大鬼"和"小鬼".

大家知道,不算"大鬼"和"小鬼"的话,正规扑克牌的基色,只有红和黑两种颜色. 所以,每个参与人的(纯)策略都只有两个,一是出红,一是出黑. 这样,我们可以把博弈矩阵写下来: 甲出红乙也出红,颜色一样,甲得 -1 乙得 1; 甲出红乙出黑,颜色不一样,甲得 1 乙得 -1; 甲出黑乙出红,颜色不一样,甲得 1 乙得 -1; 甲出黑乙也出黑,颜色一样,甲得 -1 乙得 1(表 3.1).

表 3.1　扑克牌对色游戏

乙

		红	黑
甲	红	1 / -1	-1 / 1
	黑	-1 / 1	1 / -1

每人两个 (纯) 策略, 二二得四, 一共有四种 (纯) 策略对局情形. 按照本书迄今为止介绍过的均衡概念, 我们容易知道这个博弈的四个格子代表的都不是纳什均衡. 实际上, 博弈矩阵的四个格子中, 没有一个符合 "谁单独改变策略都不会得到进一步的好处" 的均衡标准. 例如左上方甲出红牌乙也出红牌双方支付为 (-1, 1) 的格子, 甲单独改变策略变成出黑牌, 他的得益就从 -1 变成 1, 甲改变有好处. 可见, 左上方格子的位置代表的不是纳什均衡. 再看右上方格子, 甲红乙黑双方的支付分别为 (1, -1), 乙要是改出红牌, 得益就从 -1 上升到 1, 乙改变有好处. 可见, 右上方格子的位置代表的也不是纳什均衡. 同样, 左下方格子和右下方格子代表的也都不是纳什均衡.

包括刚刚介绍的扑克牌对色游戏在内,迄今我们接触过的博弈,都是**有限同时博弈** (simultaneous-move finite games). 所谓有限,就是博弈参与人数目有限,并且可供每个参与人选择的(纯)策略的数目有限. 所谓同时,就是博弈的参与人同时选择他们的策略,而不是有先有后.

博弈论最重要的**纳什定理** (Nash theorem) 说,**如果允许混合策略,那么每个有限同时博弈都有纳什均衡**. 纳什运用不动点定理证明了这个定理. 可是仔细看看上面扑克牌对色游戏那么简单的博弈,它的全部四个格子所代表的,却都不是我们讲过的以博弈矩阵中的格子位置代表的那种纳什均衡. 是不是这个博弈就没有纳什均衡了呢? 不是. 这是因为还有一种纳什均衡我们没有讲过,那就是**混合策略纳什均衡** (Nash eqquilibrium of mixed strategies), 而以前讲的都是**纯策略纳什均衡** (Nash equilibrium of pure strategies).

写到这里有必要指出,国内不少著作把纳什均衡描述为"谁单独改变策略谁就要受到损失"这样一种策略对局. 这是不对的. 为了说明这个问题, 我们引入下面的**平凡博弈** (表 3.2): 甲乙两人不管怎样斗智斗法,每人的博弈所得总是 1, 所以他们其实是没有什么可以博弈的, 因此说平凡. 这样, 如果按照那些著作的错误解说, 这个平凡博弈将没有纳什均衡, 因为任何参与人单独改变策略选择都不会给自己带来损失. 这就违背纳什定理了. 实际上, 纳什均衡只要求单独改变策略选择不会增加自己之所得,

30

并不要求单独改变就会给自己带来损失. 所以, 平凡博弈的每一个策略对局, 都是博弈的纳什均衡.

表 3.2 一个平凡博弈

乙

	左策略	右策略
甲 上策略	1 1	1 1
下策略	1 1	1 1

平凡博弈本身平凡, 但却有检验我们对纳什均衡的概念掌握得怎么样的不平凡的价值.

现在着重解说混合策略. 首先看参与人甲, 他既有出红牌和出黑牌两种**纯策略** (pure strategy), 还有以 p 的概率出红牌和以 $1-p$ 的概率出黑牌的**混合策略** (mixed strategy), 这里 p 是 0 和 1 之间的一个实数, 但是也通常表示成为一个百分数. 比如说 $p = 0.4$, 也就是 $p = 40\%$, 那么 $1-p = 0.6$, 即 $1-p = 60\%$. 这时候说甲的混合策略是 $(p, 1-p)$, 就是说甲以 $p = 40\%$ 的概率出红牌, 于是他当然以 $1-p = 60\%$ 的概率出黑牌. 可见, 所谓混合策略, 不是纯粹这样做或者纯粹那样做, 而是百分之多少选择这样策略, 百分之多少选择那个策略做, 这两个百分数加起来, 应该是 1, 即百分之一百.

这样一来, 参与人可以选择的策略就多得多了, 至少你知道是无穷多个.

如果 $p = 0$, 那么 $1 - p = 1 = 100\%$, 这时候, 混合策略 $(p, 1-p) = (0, 1)$ 就是出红牌的概率是 0, 出黑牌的概率是 100%, 也就是概率地说来他只出黑牌, 变成原来讲的纯策略了. 可见, 混合策略的概念是原来纯策略的概念的推广.

如果一个参与人只有两个纯策略可供选择, 那么他的混合策略可以用 $(p, 1-p)$ 表示, 这是因为他不是选择这个纯策略, 就是选择那个纯策略, 选择两种纯策略的概率加起来是百分之一百. 可见在参与人只有两个纯策略可供选择的情况下, 用一个字母 p 的组合 $(p, 1-p)$ 就可以把他的所有可能的混合策略选择都表达出来 (表 3.3).

表 3.3　扑克牌对色游戏混合策略的概率表示

		乙 红 q	黑 $1-q$
甲	红 p	1 / −1	−1 / 1
	黑 $1-p$	−1 / 1	1 / −1

如果一个参与人有三个纯策略可供选择, 一个字母就不够用了. 但是因为选择三种策略的概率加起来是百分之一百, 我们用两个字母 q 和 r 的组合 $(q, r, 1-q-r)$ 就可以把他所有可能的混合策略选择都表达出来. 推而广之, 如果一个参与人有 n 个纯策略可供选择, 就需要 $n-1$ 个字母才能表达他所有

可能的混合策略选择.

现在回到扑克牌对色游戏. 首先我们计算在参与人 A 和 B 的混合策略分别是 $(p, 1-p)$ 和 $(q, 1-q)$ 的时候, 参与人 A 和 B 的**期望支付** (expected payoff) 是多少.

A 出红 B 也出红, A 将得 -1, 但是 A 出红的概率是 p, B 出红的概率是 q, 所以 A 出红 B 也出红的概率是 p 乘 q 等于 pq; A 出红 B 出黑, A 将得 1, 但是 A 出红的概率是 p, B 出黑的概率是 $1-q$, 所以 A 出红 B 出黑的概率是 p 乘 $1-q$ 等于 $p(1-q)$; A 出黑 B 出红, A 将得 1, 但是 A 出黑的概率是 $1-p$, B 出红的概率是 q, 所以 A 出黑 B 出红的概率是 $1-p$ 乘 q 等于 $(1-p)q$; A 出黑 B 也出黑, A 将得 -1, 但是 A 出黑的概率是 $1-p$, B 出黑的概率是 $1-q$, 所以 A 出黑 B 也出黑的概率是 $1-p$ 乘 $1-q$ 等于 $(1-p)(1-q)$.

这样, 记参与人 A 的期望支付为 U_A, 我们就知道,

$$\begin{aligned} U_A(p, q) &= (-1)pq + 1p(1-q) \\ &\quad + 1(1-p)q + (-1)(1-p)(1-q) \\ &= 2p(1-2q) + (2q-1). \end{aligned}$$

我们之所以把参与人 A 的期望支付整理成不含 p 的项和含 p 的项这个样子, 是因为 A 只能选择 p 而不能选择 q. 所以, A 能够通过选择 p 来影响第一项, 而不能直接影响第二项. 由期望支付我们知道, 当 $(1-2q) > 0$ 即 $q < 1/2$ 的时候, A 把 p 选得越

大越好, 但 p 是概率, 最大不能超过 1, 那么这时候参与人 A 就应该选择 p 等于 1; 当 $(1-2q) < 0$ 即 $q > 1/2$ 的时候, A 把 p 选得越小越好, 同样因为 p 是概率, 最小不能小于 0, 那么这时候参与人 A 就应该选择 p 等于 0; 当 $(1-2q) = 0$ 即 $q = 1/2$ 的时候, A 把 p 选成多少, 他的期望支付都是 $0+(2q-1) = 0$, 对结果没有影响, 所以这时候参与人 A 可以在区间 $[0,1]$ 之内随便选一个 p.

这样, 因为参与人 B 的混合策略已经设定为 $(q, 1-q)$, 所以参与人 A 对于参与人 B 的策略选择的 (最佳) 反应函数是

$$p = \begin{cases} 0, & \text{如果 } q > 1/2, \\ [0,1], & \text{如果 } q = 1/2, \\ 1, & \text{如果 } q < 1/2, \end{cases}$$

其中 "$p = [0,1]$, 如果 $q = 1/2$" 是说, 如果 $q = 1/2$, p 可以在 0 和 1 之间任意选择.

同样, 我们可以把 B 的期望支付整理成为

$$\begin{aligned} U_B(p,q) &= 1pq + (-1)p(1-q) \\ &\quad + (-1)(1-p)q + 1(1-p)(1-q) \\ &= 2q(2p-1) - (2p-1), \end{aligned}$$

得到参与人 B 对于参与人 A 的策略选择的 (最佳) 反应函数

$$q = \begin{cases} 0, & \text{如果 } p < 1/2, \\ [0,1], & \text{如果 } p = 1/2, \\ 1, & \text{如果 } p > 1/2. \end{cases}$$

现在，我们在以 p 为纵轴、以 q 为横轴的直角坐标系里，把 A 和 B 的最佳反应函数都画出来，两个反应函数重合的地方，就是这个博弈的纳什均衡. 现在两个反应函数只有一个交点 (图 1)，说明这个博弈只有一个纳什均衡，这个纳什均衡是混合策略的纳什均衡：

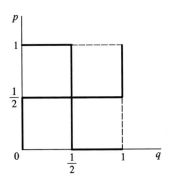

图 1　反应函数曲线相交方法

至此，我们"算"出了扑克牌对色游戏博弈的纳什均衡，它是 $p^* = 1/2$ 和 $q^* = 1/2$，或者写成 $(p^*, q^*) = (1/2, 1/2)$. 在经济学里，习惯把解答结果用星号标记出来. 这就是说，这个博弈的纳什均衡是：参与人 A 出红牌还是出黑牌的概率是一半对一半，参与人 B 出红牌还是出黑牌的概率也是一半对一半.

这种确定纳什均衡的方法，叫做**反应函数法** (Method of reaction functions). 现在算出纳什均衡是参与人 A 出红牌和出黑牌的概率是一半对一半，参与人 B 出红牌和出黑牌的概率也是一半对一半，

35

看来是符合我们的直觉的.

首先我们说明, 只要 A 出红牌和出黑牌的概率不一样, 或者 B 出红牌和出黑牌的概率不一样, 就一定不是纳什均衡. 你想, 如果 A 出红牌的概率比出黑牌的概率大, B 可以把自己的策略选择改为只出红牌, 这样改变会使 B 处于上风, 得到额外的好处; 同样, 如果 A 出红牌的概率比出黑牌的概率小, B 可以把自己的策略选择改为只出黑牌, 这样改变也会使 B 处于上风, 得到实际的好处. 可见, 只要 A 出红牌和出黑牌的概率不一样, B 都可以独自改变策略得到额外的好处, 所以只要 A 出红牌和出黑牌的概率不一样, 一定不是纳什均衡. 同样道理, 只要 B 出红牌和出黑牌的概率不一样, 也不是纳什均衡.

这样, 唯一还可能做纳什均衡的 "候选人" 的, 就只剩下 $(p^*, q^*) = (1/2, 1/2)$ 了. 在这个点上, A 的期望支付是

$$U_A(p^*, q^*) = 2p^*(1 - 2q^*) + (2q^* - 1) = 0.$$

如果 A 想单独改变策略, 他只能改变 p, 但是变来变去, 他的期望支付

$$\begin{aligned}U_A(p, q^*) &= 2p(1 - 2q^*) + (2q^* - 1) \\ &= 2p \times 0 + 0 = 0 + 0 = 0,\end{aligned}$$

变不出好处来; 同样, 在均衡点上, B 的期望支付是

$$U_B(p^*, q^*) = 2q^*(2p^* - 1) - (2p^* - 1) = 0.$$

如果 B 想单独改变策略,他只能改变 q,但是变来变去,他的期望支付

$$U_B(p^*, q) = 2q(2p^* - 1) - (2p^* - 1)$$
$$= 2q \times 0 - 0 = 0 - 0 = 0,$$

也变不出什么好处来. 这样, 在 $(p^*, q^*) = (1/2, 1/2)$ 这个位置, 双方都没有单独改变策略的激励, 可见, $(p^*, q^*) = (1/2, 1/2)$ 的确是这个博弈的纳什均衡.

至于具体的扑克牌对色游戏,非常值得注意的是,固然纳什均衡策略要求你"出红牌和出黑牌的概率一半对一半",但是你不能让对方摸到你怎样实现"一半对一半"这个要求的规律. 你想想,如果你傻呼呼总是一红一黑一红一黑那么有规律地出牌,对方马上掌握你的规律,这就没有博弈可言了:你肯定一败涂地,每局都输. 所以,要"随机"地一半对一半那样出牌才是,不要让对手知道你具体的出牌规律.

怎样做到既"随机"地又"一半对一半"地出牌呢? 一种简便的办法是: 每次出牌以前, 先背过脸去扔一个硬币, 不要让对方看到. 如果硬币扔下来得正面, 出红; 如果得背面, 出黑. 这样子把具体每次出什么牌的决策交给"老天爷",对方就摸不着你出牌的规律了. 但是,虽然具体哪一次出什么牌,你在扔硬币之前并不知道,但是一直这么玩下去,老天爷又会非常忠实地为你维护"出红牌和出黑牌的概率一半对一半"的根本性要求. "随机"地却又"一半对一半"地出牌, "随机"是就每次出牌说的, "一半对一半"则是博弈多次重复条件下策略选择的统计

要求.

现在我们运用反应函数法寻找情侣博弈的纳什均衡, 以选修第二外语故事的情侣博弈为例. 这个博弈的纯策略的纳什均衡我们已经知道, 就是左上方一起选德语的策略组合和右下方一起选法语的策略组合. 为了计算混合策略纳什均衡, 我们假设陈明选德语的概率是 p, 选法语的概率是 $1-p$; 钟信选德语的概率是 q, 选法语的概率是 $1-q$ (表 3.4).

表 3.4 陈明和钟信选修第二外语博弈

钟信

			德语 q	法语 $1-q$
陈明	德语	p	**2**, **3**	1, 1
	法语	$1-p$	0, 0	**3**, **2**

和上面一样, 我们把陈明的期望得益整理出来以后, 就得到他对于钟信的选择的最佳反应函数

$$p = \begin{cases} 1, & \text{如果 } q > 1/4, \\ [0,1], & \text{如果 } q = 1/4, \\ 0, & \text{如果 } q < 1/4, \end{cases}$$

同样, 把钟信的期望得益整理出来以后, 就得到他对

于陈明的选择的最佳反应函数

$$q = \begin{cases} 1, & \text{如果 } p > 3/4, \\ [0,1], & \text{如果 } p = 3/4, \\ 0, & \text{如果 } p < 3/4. \end{cases}$$

现在,把两人的最佳反应函数如图 2 那样画在一起,得到三个交点: $(p^*, q^*) = (0,0), (p^*, q^*) = (3/4, 1/4)$,和 $(p^*, q^*) = (1,1)$.

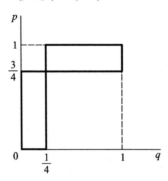

图 2 反应函数曲线相交于三点

其中, $(p^*, q^*) = (0,0)$ 和 $(p^*, q^*) = (1,1)$ 这两个纳什均衡,是原来我们用相对优势策略下划线法容易做出来的,就是两人一起选德语的纳什均衡和两人一起选法语的纳什均衡. 可见,反应函数曲线交叉法也可以把纯策略纳什均衡找出来,只不过要计算期望支付或期望得益,要计算反应函数,工作量要大一些. 但是,这个博弈的另外一个纳什均衡,即混合策略纳什均衡 $(p^*, q^*) = (3/4, 1/4)$,以前用劣势策略消去法和相对优势策略下划线法就做不出来,现在可以用反应函数曲线相交的方法做出来. 这就是反应函数法的价值.

外交谈判是博弈论研究的重要课题. 现在, 我们通过一个扑克牌讹诈游戏来模拟和分析慕尼黑谈判的策略博弈, 这个游戏取自 S. Vajda 的《博弈论与线性规划》[1]一书.

设有甲、乙两个人用扑克牌玩讹诈游戏, 玩法如下:

每次, 甲抽一张牌, 看过后盖好. 这时, 甲可以"博", 也可以"认输". 如果甲认输, 甲就输给乙 a 根火柴. 如果甲博, 乙可以"认输", 也可以"要求摊牌". 如果乙认输, 则不管甲抽到的是黑牌还是红牌, 乙都输给甲 a 根火柴. 如果乙要求摊牌, 则当甲摊出黑牌时乙输给甲 b 根火柴, 当甲摊出红牌时甲输给乙 b 根火柴. 我们还规定 $b > a$. 这里, a 是起点, b 是加码, 所以 $b > a$ 是很合理的要求. 注意, 甲赢的就是乙输的, 乙赢的就是甲输的.

甲抽到黑牌, 毫无疑问是要玩下去的, 是要博的, 因为这样他至少可以赢得 a 根火柴. 问题是抽到红牌怎么办, 还博不博. 因此, 甲有两种纯策略: 抽到红牌就认输的"不讹诈策略"和抽到红牌也要博的"讹诈策略".

乙只有当甲博时才有影响一局博弈的机会, 所以乙也有两种纯策略: 只要甲博就要求摊牌的"摊牌策略"和只要甲博就认输的"不摊牌策略". 这里

---

[1] S. Vajda, *Theory of Games and Linear Programming*, Wiley, 1956.

注意, 只有甲抽牌, 乙不抽牌.

这样, 我们就可以把这个扑克牌讹诈游戏的支付矩阵写下来 (表 3.5), 对于其中支付的具体计算, 需要说明如下:

首先, 设甲取讹诈策略, 乙取摊牌策略, 就是博弈表格的左上角格子. 若甲抽得红牌, 则甲赢得 $-b$; 若甲抽得黑牌, 则甲赢得 b. 因为甲抽到黑牌和抽到红牌的概率是一样的, 都是 $1/2$, 所以甲赢得 b 和甲赢得 $-b$ 的概率都是 $1/2$. 由此可见, 平均来说每局甲的得益是 $b/2 + (-b)/2 = 0$, 从而平均来说每局乙的得益也是 0. 这就得到矩阵左上角的支付 $(0, 0)$.

设甲取讹诈策略, 乙取不摊牌策略, 即博弈表格的右上角格子. 这时候, 每局甲不管抽得什么牌都博, 而乙老是认输, 所以每局甲之所得总是 a, 乙之所得总是 $-a$.

设甲取不讹诈策略, 乙取摊牌策略, 即博弈表格的左下角格子. 因为甲以 $1/2$ 的概率抽到黑牌, 这时他博, 而乙要求摊牌, 结果甲之所得为 b; 甲以 $1/2$ 的概率抽到红牌, 这时他认输, 结果他之所得为 $-a$. 所以平均来说每局甲之所得是 $(b-a)/2$, 乙之所得是 $-(b-a)/2$.

设甲取不讹诈策略, 乙取不摊牌策略, 即博弈表格右下角格子. 因为甲以 $1/2$ 的概率抽到黑牌, 这时他博, 乙认输, 结果甲之所得为 a; 甲以 $1/2$ 的概率抽得红牌, 这时他认输, 结果他之所得为 $-a$. 因此甲之所得是 $[a + (-a)]/2 = 0$, 乙之所得是 $-0 = 0$.

表 3.5 计算扑克牌讹诈游戏的纳什均衡

乙

	摊牌策略 q	不摊牌策略 $1-q$
甲 讹诈策略 p	0 0	$-a$ a
不讹诈策略 $1-p$	$-(b-a)/2$ $(b-a)/2$	0 0

现在我们采用反应函数法, 计算扑克牌讹诈游戏的纳什均衡. 道理和方法和上面做过的完全一样, 可以算出他们对于对手的策略选择的反应函数分别为

$$p = \begin{cases} 0, & \text{如果 } q > 2a/(b+a), \\ [0,1], & \text{如果 } q = 2a/(b+a), \\ 1, & \text{如果 } q < 2a/(b+a) \end{cases}$$

和

$$q = \begin{cases} 1, & \text{如果 } p > (b-a)/(b+a), \\ [0,1], & \text{如果 } p = (b-a)/(b+a), \\ 0, & \text{如果 } p < (b-a)/(b+a). \end{cases}$$

这样, 把他们的反应函数曲线画在一起, 可以看到只有一个交点 (图 3).

据此, 我们得到这个博弈唯一的纳什均衡

$$(p, q) = ((b-a)/(b+a), 2a/(b+a)).$$

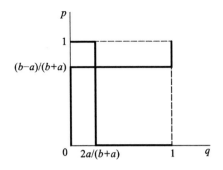

图 3　反应函数曲线相交于一点

因为

$$1 - (b-a)/(b+a) = 2a/(b+a),$$

我们知道在这个均衡,甲的策略选择是

$$p = (p_1, p_2) = ((b-a)/(b+a), 2a/(b+a)),$$

乙的策略选择是

$$q = (q_1, q_2) = (2a/(b+a), (b-a)/(b+a)).$$

从扑克牌讹诈游戏这个例子,可以得到什么教益呢?

第二次世界大战前夕,英、法与德、意签订慕尼黑协定,将捷克斯洛伐克出卖给纳粹德国,纵容了侵略,助长了法西斯的气焰,后来导致了第二次世界大战的全面爆发.在慕尼黑谈判中,纳粹头子希特勒出尔反尔,得寸进尺,一再进行讹诈,而商人出身的英国首相张伯伦却一味退让,始终不想摊牌.从博弈论的角度来看,张伯伦输掉了人类历史上最要紧的一次外交博弈,其后果是几千万人在随后爆发的第二次世界大战中丧失了宝贵的生命.

我们开始规定了 $b > a > 0$. 注意 b 比 a 大, 才值得一博. 现在, 我们把甲的均衡混合策略, 分子分母同时除以 a, 改写为

$$p = (p_1, p_2) = ((b/a-1)/(b/a+1), 2/(b/a+1)),$$

这样就可以看出, p 的值取决于 b 与 a 的比值 b/a. 当 b/a 接近 1 即 b 接近 a 时, 甲采用讹诈策略的概率 p_1 应该接近 0. 所以, 若 b 与 a 相差无几, 甲是不值得冒险讹诈的. 但是相反, b/a 越大的时候, 即博杀的分量 b 比下注的分量 a 大得越多时, 就越值得采取讹诈策略. 这从下面的表可以看得很清楚:

表 3.6　讹诈游戏的策略比较

b/a	p_1	p_2
1	0%	100%
2	33.3%	66.7%
9	80%	20%
19	90%	10%
99	98%	2%

同样, 从改写以后的乙的均衡混合策略

$$q = (q_1, q_2) = (2/(b/a+1), (b/a-1)/(b/a+1))$$

可以看出, 乙的最优混合策略的情况正好相反: b 和

a 越接近, 就越应当多采取摊牌策略; b 比 a 大得越多, 就越应当多采取不摊牌策略.

虽然慕尼黑谈判的实际情况很难完全用这样简单的一个扑克牌讹诈游戏的博弈模型来模拟, 但它仍能给我们以深刻的启示.

首先, 这是一个甲方总不吃亏的模型. 慕尼黑谈判时的形势是怎样的呢? 当时, 英法要安抚纳粹德国, 这就注定德国是不会吃亏的. 但从另一方面说, 纳粹德国刚刚从第一次世界大战后严厉的军备限制中挣扎出来不久. 虽然希特勒野心极大, 但当时纳粹德国的实际力量还不足以与英法抗衡. 如果说谈判破裂会给英法带来"损失"的话, 那么这个损失 (b) 也不会比英法原已准备作出的让步 (a) 大多少. 所以, 按照上述扑克牌讹诈博弈的纳什均衡所揭示的, 作为乙方的英法方面, 应该多考虑采用摊牌策略. 但是, 张伯伦一味退让, 不敢考虑摊牌, 结果被希特勒窥破英法以绥靖求和平的心态, 在谈判中一再加码, 要价越来越高, 最终导致捷克斯洛伐克的沦陷和第二次世界大战的爆发.

从博弈论的角度来看, 如果张伯伦懂得一点必要时考虑摊牌的意义, 20 世纪的世界历史, 可能就不是这个样子.

四、纳什均衡的筛选

我们已经知道,许多博弈有不止一个纳什均衡. 有些博弈甚至有无穷多个纳什均衡. 简单说来,纳什均衡说的是博弈各方的策略的稳定的对局. 既然这样,那么当博弈有不止一个纳什均衡的时候,自然产生从这些均衡中筛选出看来更加稳定和最稳定的纳什均衡的问题. 博弈的最终结果,应该是那些更加稳定和最稳定的纳什均衡.

首先我们指出,如果一个博弈既有纯策略纳什均衡又有混合策略纳什均衡,那么"优先权"总是给予那些纯策略纳什均衡. 这里的原因就不细谈了,留给读者自己体会. 建议读者以陈明和钟信选修第二外语博弈为例,自行计算他们在三个纳什均衡下面的不同支付,体会纯策略纳什均衡自然更加稳定. 这个体会也有助于我们理解下面就要介绍的纳什均衡筛选的帕雷托标准.

现在,我们就以"猎人博弈"为例,说明均衡筛选的**帕雷托优势标准**. 设想在古代的一个地方,有两个猎人,那时候,狩猎是人们的主要生计. 为了简单起见, 假设主要的猎物只有两种, 鹿和兔子. 在古代, 人类的狩猎手段比较落后, 弓箭的威力也有限. 在这样的条件下, 我们可以进一步假设, 两个猎人一起去猎鹿, 才能猎获一只鹿, 如果一个猎人单兵作战, 他只能打到四个兔子. 从填饱肚子的角度来说, 4 只兔子算它能管 4 天吧, 一只鹿却差不多能够解决一个月的问题. 这样, 两个猎人的行为决策, 大体上就可以写成以下的博弈形式 (表 4.1):

表 4.1 猎 人 博 弈

乙

		猎鹿	打兔
甲	猎鹿	**10** / **10**	4 / 0
	打兔	0 / 4	**4** / **4**

打到一只鹿, 两家平分, 每家管 10 天吧; 打到 4 只兔子, 只能供一家吃 4 天. 表格中的数字就是这个意思, 每个格子里面, 左下角的数字是甲的得益, 右上角的数字是乙的得益. 如果他打兔子而你去猎鹿, 他可以打到 4 只兔子, 而你将一无所获, 得 0.

如果对方愿意合作猎鹿, 你的最优行为是和他合作猎鹿. 如果对方只想自个儿去打兔子, 你的最优行为也只能是自个儿去打兔子, 因为这时候你想猎鹿也是白搭, 一个人单独制服不了一只鹿, 所以你将一无所获. 这样, 运用前面讲过的相对优势策略下划线法,我们就知道,这个猎人博弈有两个纳什均衡: 一个是两人一起去猎鹿,得 (10,10),另一个是两人各自去打兔子,得 (4, 4).

两个纳什均衡,就是两个可能的结局. 那么,究竟哪一个会发生呢? 是一起去猎鹿还是各自去打兔子呢? 比较支付分别是 (10, 10) 和 (4, 4) 的两个纳什均衡,我们明显地看到,两家一起去猎鹿的好处比各自去打兔子的获益要大得多. 按照长期合作研究的两位博弈论大师美国的**哈萨尼**教授和德国的**泽尔滕**教授的说法,甲乙一起去猎鹿得 (10, 10) 的纳什均衡,比两人各自去打兔子得 (4, 4) 的纳什均衡,具有**帕雷托优势** (Pareto advantage). 这个猎人博弈的结局,最大可能的结局是具有帕雷托优势的那个纳什均衡: 甲乙一起去猎鹿得 (10, 10).

经济学思想史上,人们对于一个经济如何才算是有效率的,一直有很不相同的看法. 例如太平天国信奉"不患寡,患不均",就很有代表性,但是大家都知道,只讲究平均,不能作为效率的标准. 公平是经济学中最富争议的概念,效率也是很有争议的一个概念.

帕雷托 (Vilfredo Pareto, 1848 — 1923) 是法国巴黎出生的意大利经济学家. 自从现代经济学主要关注社会资源的配置以来,经济学家求同存异,逐渐撇开一般效率评价的许多分歧,倾向于首先接受以帕雷托命名的所谓**帕雷托效率** (Pareto Efficiency) 标准: 经济的效率体现于配置社会资源以改善人们的境况,主要看资源是否已经被充分利用. 如果资源已经被充分利用,要想再改善我就必须损害你或别的什么人,要想再改善你就必须损害另外某个他,一句话,要想再改善任何人都必须损害别的一些人了,这时候就说一个经济已经实现了帕雷托效率. 相反,如果还可以在不损害别人的情况下改善任何人,就认为经济资源尚未充分利用,就不能说经济已经达到帕雷托效率. 这时候就说经济处于帕雷托非效率的状态.

具体到我们的猎人博弈,比起 (4, 4) 来,(10, 10) 不仅是总额的改善,而且每个人都得到很大改善. 猎人博弈中支付为 (10, 10) 的均衡对支付为 (4, 4) 的均衡具有帕雷托优势,就是这个意思. 从支付为 (4, 4) 的均衡到支付为 (10, 10) 的均衡,博弈的每个参与人都得到改善.

接着说明风险优势标准. 考虑下面矩阵表示的博弈 (表 4.2),我们姑且把它叫做"风险博弈". 运用相对优势策略下划线法,我们马上知道这个博弈有两个纯策略纳什均衡,一个是左上角的格子,甲选择

表 4.2 风险博弈

乙

	左	右
甲 上	**9**, **9**	8, 0
甲 下	0, 8	**7**, **7**

"上"策略乙选择"左"策略双方得 (9,9), 另一个是右下角的格子, 甲采用"下"策略乙采用"右"得 (7, 7). 那么, 这两个纳什均衡之中, 究竟哪一个发生的可能性比较大呢?

我们不妨先只站在甲的位置分析一下前景. 甲对于乙将采用哪一个策略, 当然是不知道的, 否则就不叫博弈了. 甲可以设想, 乙采用"左"策略和"右"策略的概率是一半对一半. 这样, 如果甲采用"上"策略, 他得 9 和得 0 的概率也是一半对一半, 他的期望支付将是 $(9+0) \div 2 = 4.5$; 如果甲采用"下"策略, 他得 8 的概率和得 7 的概率将是一半对一半, 他的期望支付将是 $(8+7) \div 2 = 7.5$. 所以, 从期望支付来看, 甲采用"下"策略是比较稳妥的: 至少可以得 7, 运气好可以得 8. 如果采用"上"策略, 运气好固然可以得 9, 但是运气不好可就将得 0. 为了稳妥起见, 还是不要冒得 0 的风险好.

在前景不确定的情况下, 期望的结果如何, 即各种可能结果的加权平均值如何, 是非常重要的判别标准. 设身处地想想, 如果你是参与人甲, 你将采用哪个策略呢? 我想你一定会选择"下"策略. 这个博弈是对称的, 乙的处境和甲完全一样. 所以, 乙多半也要选用稳妥的"右"策略, 至少可以得 7, 运气好可以得 8, 他不会冒可能得 0 的风险去博那个 9. 甲多半选"下"策略, 乙多半选"右"策略, 所以博弈的实际结局, 多半是右下角那个格子甲采用"下"策略乙采用"右"双方各得 7.

在这种情况下, 博弈论学者说右下角格子代表的"甲下乙右"得 (7,7) 的纳什均衡, 具有**风险优势** (risk advantage). 注意, 风险优势不是表示风险大, 反而是说风险比较小, 优势在于风险小.

必须说明, 前面说甲可以设想乙采用"左"策略和"右"策略的概率是一半对一半. 这自然只是非常初步非常粗略的试探性设想, 因为乙采用"左"策略还是"右"策略的概率未必是一半对一半. 关于这个问题的进一步讨论, 必须引入混合策略的概念.

读到这里, 细心的读者会问, 左上角的纳什均衡具有帕雷托优势, 右下角的纳什均衡具有风险优势, 真是各不相让. 那么, 究竟哪个纳什均衡更加稳定呢? 早期的博弈论专家把优先权给予帕雷托优势, 后来有人提出综合考虑帕雷托优势和风险优势两方面的因素. 有兴趣的读者可以参考王则柯和李杰在中国人民大学出版社出版的《博弈论教程》. 总的来说, 二者的关系是一个仍然在探讨的问题.

前面谈过的博弈, 基本上局限于二人同时决策博弈. 如果博弈的参与人多于两个, 有可能会发生部分参与人联合起来追求小团体利益的共谋行为, 从而导致**均衡情况的变化**. 为此, **本海姆** (B. Douglas Bernheim)、**别列葛** (Bezalel Peleg) 和**温斯顿** (Michael D. Whinston) 在 1987 年的两篇论文中提出了**抗共谋纳什均衡**或者**防共谋纳什均衡** (coalition-proof Nash equilibrium) 的概念, 对纳什均衡作进一步的筛选.

假定一个博弈有三个参与人甲、乙和丙, 参与人甲有 U 和 D 两种纯策略可供选择, 参与人乙有 L

和 R 两种纯策略可供选择,参与人丙有 A 和 B 两种纯策略可供选择. 至于各种策略组合之下三位参与人的支付如何确定, 就不具体说明了.

二人博弈便于用平面矩阵来表示, 三人博弈理应采用立体 "矩阵格子". 可是立体的东西难以画在平面上, 我们就把它切成几层, 摊开在平面上. 现在参与人丙有两种纯策略可供选择, 我们就把立体矩阵格子切成两片, 铺开在纸上, 变成下面的两个矩阵(表 4.3):

表 4.3 一个三人博弈, 各两策略

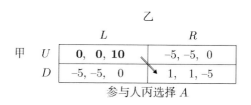

每个格子里面, 第一个数字是参与人甲的支付, 第二个数字是参与人乙的支付, 第三个数字是参与人丙的支付. 这样, 因为在所有 $2 \times 2 \times 2 = 8$ 种纯策略组合下三位参与人的支付都已经清楚, 整个博弈就表达清楚了. 我们就利用这个博弈说明抗共谋均

衡的思想.

采用相对优势策略下划线法容易知道, 这个博弈存在两个纯策略纳什均衡 (U, L, A) 和 (D, R, B), 并且前者帕雷托优于后者. 按照我们已经介绍过的筛选多重纳什均衡的方法, 因为纳什均衡 (U, L, A) 帕雷托优于 (D, R, B), 该博弈的结果应当是 (U, L, A) 这个纳什均衡.

但是, 如果我们考虑到参与人之间存在共谋的可能性, 则 (U, L, A) 并非博弈的最终结果. 因为如果参与人丙按照纳什均衡 (U, L, A) 的指引选择策略 A, 则只要参与人甲和乙达成一致行动的默契, 分别采用策略 D 和策略 R, 他们就都能获得 1 单位的得益, 大于他们在纳什均衡 (U, L, A) 时得到的都是 0 的得益.

我们一再强调, 纳什均衡的精髓, 是单独偏离没有好处, 即参与人单独改变策略选择没有好处. 问题是在纳什均衡要求的单独偏离没有好处的情况下, 仍然可能存在若干参与人集体偏离或者说共谋偏离的激励. 如果一个纳什均衡虽然因为纳什均衡本身的要求排除了参与人单独偏离的激励, 但是却存在若干参与人集体偏离的激励, 我们很难认为它是博弈的稳定的结果.

这就再次出现上述博弈的两个纯策略纳什均衡 (U, L, A) 和 (D, R, B) 孰 "优" 孰 "劣" 的问题. 从寻求稳定性最好的博弈结果的角度看, 不仅纳什均衡概念的本身不能最后解决这个问题, 而且我们上面已经介绍过的各种筛选纳什均衡的标准, 如帕雷托效率标准和风险优势标准,仍然未能彻底解决问题.面对这种新的情况,必须引入新的概念和新的思想,进行新的分析.

要排除参与人之间共谋的可能性,需要借助"抗共谋均衡"的思想. 抗共谋纳什均衡与一般纳什均衡的区别,主要是在没有单独偏离的激励的基础上,进一步引入了没有集体偏离的激励的要求. 也就是说,一个策略组合之所以成为抗共谋纳什均衡,不仅要求参与人在这个策略组合下没有单独偏离的激励,而且也要求他们没有合伙集体偏离的激励.

回到我们现在具体讨论的博弈,就可以知道,纯策略纳什均衡 (U, L, A) 不是抗共谋纳什均衡,因为在参与人丙不改变策略选择的情况下,参与人甲和乙共谋分别采用策略 D 和策略 R,他们两人的得益就都能从 0 上升到 1,而且在他们做了图中箭头所示的共谋偏离以后,只要参与人丙的策略选择仍然保持不变,甲乙二人都不会瓦解他们的偏离共谋.

但是,纯策略纳什均衡 (D, R, B) 却是抗共谋纳什均衡. 事实上,如果甲乙一起偏离,他们的博弈所得,都由 -1 下降到 -2,所以甲乙不会共谋这样的偏离;如果甲丙一起偏离,甲的支付从 -1 下降到 -5,丙的支付从 5 下降到 0,所以甲丙不会共谋这样的偏离;同样,如果乙丙一起偏离,乙的支付从 -1 下降到 -5,丙的支付从 5 下降到 0,所以乙丙也不会共谋这样的偏离;最后,我们检查甲乙丙一起偏离的情况:的确,如果甲乙丙一起偏离,那就是他们从 (D, R, B) 这个纳什均衡跳到 (U, L, A) 这个纳什均衡,甲乙丙

三人的支付分别由 –1, –1 和 5 增加到 0, 0 和 10. 这看起来很好, 问题是三个人一起跳到 (U, L, A) 以后, 正如前面分析过的, 又出现了或者说形成了对于其中甲乙二人共谋偏离到 (D, R, A) 的激励. 我们到现在为止讨论的都是完全信息的博弈. 既然完全信息, 博弈发展的各种可能一目了然, 丙就会估计到如果他和甲乙一起从 (D, R, B) 这个均衡跳到 (U, L, A) 这个均衡, 就会造就甲乙共谋再次偏离的激励. 具体来说, 他们三人真的一起跳到 (U, L, A) 这个均衡以后, 甲和乙还会 "背叛" 原来的三人共谋, 二人共谋偏离 (U, L, A) 这个均衡. 预料到这一切, 丙怎么会同意和甲乙一起从 (D, R, B) 偏离到 (U, L, A) 呢?

综上所述, 纳什均衡 (D, R, B) 是一个抗共谋均衡. 两个纳什均衡 (U, L, A) 和 (D, R, B) 之中, (U, L, A) 包含共谋偏离的激励, (D, R, B) 排除了共谋偏离的激励, 在这个意义上, (D, R, B) 这个均衡比 (U, L, A) 这个均衡更加稳定, 更有理由成为博弈的最终结果.

按照帕雷托标准, (D, R, B) 这个均衡比不上 (U, L, A) 这个均衡, 但是按照抗共谋的要求, (D, R, B) 均衡又优于 (U, L, A) 均衡. 关键看采用什么标准.

细心的读者可能会提出这样的问题: 上面那个三人博弈的两个纳什均衡之中, 另外一个均衡 (D, R, B) 应该也有合伙偏离的激励, 因为在 (D, R, B) 这个均衡, 干脆三个人像虚线箭头所示那样一起偏离, 那就走到 (U, L, A), 结果三个人都得到改善 (表 4.4), 何乐而不为?

表 4.4　一个三人博弈, 各两策略

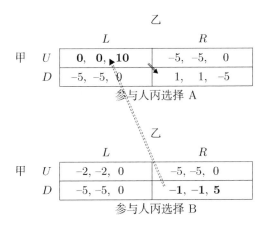

的确, 如果在 (D, R, B) 这个均衡三人一起偏离, 他们都将得到改善, 似乎他们会做这样的共谋偏离. 问题是三人一起偏离以后到了 (U, L, A), 正如刚才已经说明清楚的, 甲乙两人又有进一步沿着实线箭头合伙偏离的激励. 据此我们知道, 三人共谋从 (D, R, B) 这个均衡偏离出去, 这个合伙是要散伙的, 不能自我维持. 相反, 上一节演示的从 (U, L, A) 到 (D, R, B) 的二人合伙偏离, 他们两人合伙到了 (D, R, B) 以后, 这个共谋是不会散伙的. 抗共谋纳什均衡要求的, 是在参与人没有单独偏离的激励的基础上, 再要求参与人没有激励进行不散伙的共谋偏离.

在表 4.4 里, 我们用实线箭头标记不散伙的共谋偏离, 用虚线箭头标记会散伙的共谋偏离. 在考察一个纳什均衡是否抗共谋纳什均衡的时候, 我们不需要关注那些会散伙的共谋偏离.

实际上, 会散伙的共谋偏离, 本身就实现不了. 就拿从 (D,R,B) 这个均衡三人一起偏离来说吧, 虽然这样的偏离看起来会使他们三个人都得到改善, 但是参与人丙只要不是太蠢, 就会认识到这样三人合伙偏离以后, 甲乙两人又有两人进一步合伙偏离的激励, 结果参与人丙在和甲乙一起偏离从支付 5 改善到支付 10 以后, 一定会跌到支付 −5 的境地. 他才不肯干这样的傻事呢.

为了进一步说明这个问题, 我们看表 4.5 的价格大战. 虽然看起来双方有从唯一的纯策略纳什均衡 (低价, 低价) 共谋偏离到 (高价, 高价) 这个策略组合的动机, 但是真的按照虚线箭头所示到了那里以后, 每个人都有进一步单独偏离的激励, 所以从 (低价, 低价) 到 (高价, 高价) 的合伙偏离, 一定会散伙.

表 4.5　价　格　大　战

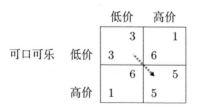

总之, 在考察一个纳什均衡双方抗共谋纳什均衡的时候, 我们不必理会那些会散伙的合伙偏离.

最后我们指出，在二人博弈的情况，本来也要考察博弈的纳什均衡是不是抗共谋纳什均衡的问题，但是因为在二人博弈这样简单的情况下，抗共谋纳什均衡已经和帕雷托优势纳什均衡吻合，所以在二人博弈的基础上解说抗共谋纳什均衡，就显得比较生硬.

为此，我们看前已熟悉的猎人博弈，它有 (打兔, 打兔) 和 (猎鹿, 猎鹿) 两个纯策略纳什均衡. 在 (猎鹿, 猎鹿) 这个均衡, 自然双方不会共谋偏离到 (打兔, 打兔), 白白降低双方的所得, 而在 (打兔, 打兔) 这个均衡, 双方却愿意共谋偏离到 (猎鹿, 猎鹿) 这个均衡, 大家都获得改善. 图中实线箭头表示的, 就是这种共谋偏离. 所以在猎人博弈的两个纯策略纳什均衡之中, (猎鹿, 猎鹿) 是抗共谋纳什均衡, 而 (打兔, 打兔) 这个纳什均衡则不是抗共谋纳什均衡. 很清楚, 猎人博弈的这个抗共谋纳什均衡, 也正好是帕雷托优势的纳什均衡 (表 4.6).

表 4.6 猎 人 博 弈

乙

		猎鹿	打兔
甲	猎鹿	**10**, **10**	4, 0
	打兔	0, 4	**4**, **4**

奥曼在 1959 年发表的一篇论文中提出了"强

纳什均衡"的概念，它可以说是综合了帕雷托标准和抗共谋的要求．从学术发展的历史脉络讲，抗共谋均衡的概念是奥曼的"强纳什均衡"概念的放松．实际应用中，"强纳什均衡"的要求往往显得太高了．

筛选纳什均衡的另外一种做法，是看它是不是"经得起""颤抖"．什么叫做"颤抖"，什么叫做"经得起颤抖"，容我慢慢道来．

大家知道，人们的"理性行为"，是几十年来现代经济学讨论的基本假设．但是现实生活中人们的行为模式，很难完全符合这个理性人假设．人是会犯错误的，我们常常还为自己的错误承担损失，哪怕是不小心的错误．

泽尔滕在 1975 年的一篇论文[1]把这一思想引入到博弈论的研究中，提出了**颤抖手精练均衡**(trembling-hand perfect equilibrium) 的概念，进一步筛选即"精练"纳什均衡．他的基本思想是：博弈参与人有犯错误的可能性．当一个人端着满满的一杯水的时候，只要手稍微颤抖一下，水就会溢出来．他的理性要求他把水端好，但是他做不到彻底理性，他会颤抖，因为颤抖而难以把水端好．博弈的均衡是否经得起这样的"颤抖"呢？参与人所选择的一个策略组合，只有当它在每个参与人都可能犯小错误时仍是所有参与人的相对最优策略的组合时，才是一个足够稳定的纳什均衡．

---

[1] 见 Selten, R. 1975, Reexamination of the perfectness concept for equilibrium points in extensive games, *International Journal of Game Theory*, 4: 25—55.

在给出颤抖手精练均衡的正式定义以前,让我们先看看下面的例子 (表 4.7).

表 4.7 例解颤抖手精练均衡

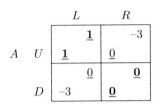

在这个博弈中, (U,L) 和 (D,R) 都是纳什均衡,其中 (U,L) 是优势策略均衡,但 (D,R) 只是相对优势策略均衡.只要参与人 B 不选择 L, D 就是参与人 A 的最优选择;同样,只要参与人 A 不选择 U, R 就是参与人 B 的最优选择.在正式定义颤抖手精练均衡之前,我们首先考虑这样一个问题: (D,R) 应该是一个行将定义的颤抖手均衡吗?

为此,我们要以 (D,R) 这个纳什均衡作为分析讨论的出发点,并且把参与人 A、B 偏离这个均衡的选择,即 A 选择 U 或者 B 选择 L,定义为犯错误.我们首先假定 B 有可能犯错误,即 B 有可能选择 L 而不是 R,那么此时 D 仍是 A 的最优选择吗?显然不是.事实上,只要 B 有可能犯错误,无论这个错误发生的概率多么小,参与人 A 选择 U 所得到的支付都不小于选择 D 所得到的支付,并且 A 选择 U 所得到的期望支付都大于选择 D 所得到的期望支付.

因此,只要 B 有犯错误的可能,D 就不是参与人 A 的最优选择. 按照类似的分析思路可知,只要 A 有犯错误的可能,R 就不是参与人 B 的最优选择. 所以,(D, R) 不应该是行将定义的颤抖手精练均衡.

相反,(U, L) 却应该是一个颤抖手均衡: 无论参与人 A 犯错误的概率有多大,只要犯错误的概率小于 1, 参与人 B 都没有激励要选择 R; 同样地,无论 B 犯错误的概率有多大,只要小于 1, 参与人 A 都没有激励选择 D.

现在,我们只在二人同时有限博弈的条件下给出颤抖手精练均衡的正式定义. 这是本书技术难度最高的一节,需要用到数学分析中极限的概念. 对于理解极限关系有困难的读者,我们建议你们跳过从这里开始的几页关于颤抖手精练均衡余下的讨论,直接翻到讲述 "聚点均衡" 的地方. 这不会对后续的阅读带来任何困难. 只是因为运用极限概念描述颤抖手精练均衡的做法从数学上讲实在精彩,所以我们占用这几页的篇幅,把它介绍给学过数学分析极限概念的读者.

记 p_A 是行参与人的混合策略,p_B 是列参与人的混合策略,如果行参与人有 m 个纯策略可供选择,那么 p_A 就是一个 m 维向量,如果列参与人有 n 个纯策略可供选择,那么 p_B 就是一个 n 维向量. 混合策略向量的分量都是非负实数,每个混合策略向量的分量之和都是 1. 所谓严格混合策略,就是每个分量都是正数的混合策略.

定义: 设 (p_A, p_B) 是二人同时有限博弈的一个纳什均衡. 如果对于行参与人存在一个严格混合策略序列 $\{p_A^k\}$, 对于列参与人存在一个严格混合策略序列 $\{p_B^l\}$, 使得 $\lim\limits_{k\to\infty} p_A^k = p_A$, $\lim\limits_{l\to\infty} p_B^l = p_B$, 并且对于足够大的 l, 混合策略 p_A 是对 p_B^l 的最优反应, 对于足够大的 k, 混合策略 p_B 是对 p_A^k 的最优反应, 我们就说 (p_A, p_B) 是这个博弈的一个颤抖手精练均衡.

"混合策略 p_A 是对 p_B^l 的最优反应, 混合策略 p_B 是对 p_A^k 的最优反应" 说明, 纳什均衡 (p_A, p_B) 中的策略选择, 不仅当对方 (彻底) 理性时是相对优势策略, 而且当对方犯小错误时仍然是相对优势策略. 两个极限关系, 保证所犯错误很小. 通俗地说, "混合策略 p_A 是对 p_B^l 的最优反应", 意味着一个参与人不能因为其他参与人可能投不进篮内就故意要把球投偏.

泽尔滕还证明了一个与纳什定理平行的定理: 每一个有限同时博弈至少存在一个颤抖手精练纳什均衡.

下面, 我们通过一个具体例子加深对于颤抖手精练均衡的把握.

考虑如下每个参与人各有三种纯策略可供选择的所谓 3×3 二人同时博弈, A 有上中下三个策略, B 有左中右三个策略. 各种策略对局的支付如矩阵表格中数字所示. 这种博弈也叫做 2×3 的博弈, 说的是两个参与人各有三个纯策略可供选择.

运用相对优势策略下划线法可以知道, 这个博弈有三个纯策略纳什均衡: 左上方 (上策略, 左策略) 得 (4, 12) 的均衡, 右上方 (上策略, 右策略) 得 (2, 12) 的均衡, 和右下方 (下策略, 右策略) 得 (2, 13) 的均衡 (表 4.8).

表 **4.8** 一个 3×3 博弈

B

		左	中	右
	上	**12** **4**	10 **3**	**12** **2**
A	中	**12** 0	11 2	11 1
	下	12 3	8 1	**13** **2**

现在我们证明: 左上方 (上策略, 左策略) 得 (4,12) 的纳什均衡, 是颤抖手精练的纳什均衡. 为此, 首先要对这个博弈采用混合策略的概率表达: 设 A 选择上策略的概率是 q, 选择中策略的概率是 r, 那么他选择下策略的概率是 $1-q-r$; 设 B 选择左策略的概率是 s, 选择中策略的概率是 t, 那么他选择右策略的概率是 $1-s-t$ (表 4.9).

采用混合策略表达, 左上方 (上策略, 左策略) 得 (4,12) 这个纳什均衡是 (p_A, p_B), 其中 $p_A = (q, r, 1-q-r) = (1,0,0)$, $p_B = (s, t, 1-s-t) = (1,0,0)$. 要说明 (p_A, p_B) 是一个颤抖手纳什均衡, 我们按照 $p_A^m = (1-2/m, 1/m, 1/m), m = 2, 3, \cdots$, 构造 $\{p_A^m\}$, 按照 $p_B^m = (1-2/m, 1/m, 1/m), m = 2, 3, \cdots$, 构

造 $\{p_B^m\}$. 很明显, $\{p_A^m\}$ 收敛到 p_A, $\{p_B^m\}$ 收敛到 p_B. 下面考察对于足够大的 m, p_A 是不是对于策略组合 $p_B^m = (1-2/m, 1/m, 1/m)$ 的最优反应.

表 4.9 继续 3×3 博弈的讨论

B

		左 s	中 t	右 $1-s-t$
	上 q	**12** **4**	10 3	**12** **2**
A	中 r	12 0	11 2	11 1
	下 $1-q-r$	12 3	8 1	**13** **2**

面对 $p_B^m = (s, t, 1-s-t) = (1-2/m, 1/m, 1/m)$, 参与人 A 的期望支付是

$$EU_A = q[4(m-2)+3+2]/m + r[0(m-2)+2+1]$$
$$/m + (1-q-r)[3(m-2)+1+2]/m$$
$$= \{qm - 3r(m-2) + (3m-3)\}/m.$$

可见, 策略组合 $p_A = (q, r, 1-q-r) = (1,0,0)$ 的确是参与人 A 对于参与人 B 的策略组合 $p_B^m = (1-2/m, 1/m, 1/m)$ 的最优反应.

同样可知, 策略组合 $p_B = (q, r, 1-q-r) = (1,0,0)$ 是参与人 B 对于参与人 A 的策略组合 $p_A^m = (1-2/m, 1/m, 1/m)$ 的最优反应.

至此我们知道, (p_A, p_B) 这个纳什均衡, 其中 $p_A = (q, r, 1-q-r) = (1, 0, 0)$, $p_B = (s, t, 1-s-t) = (1, 0, 0)$, 是颤抖手精练纳什均衡, 也就是说博弈表格左上方 (上策略, 左策略) 得 (4, 12) 这个纳什均衡, 是颤抖手精练纳什均衡.

基础较好的读者, 可以自己讨论这个博弈的另外两个纯策略纳什均衡是不是颤抖手精练纳什均衡. 值得提醒的是, 为了论证一个纳什均衡是颤抖手精练纳什均衡, 我们 "只需要" 给每个参与人找到**一个**满足条件的**严格混合策略序列**便可, 但是为了论证一个纳什均衡不是颤抖手精练纳什均衡, 则需要证明对于行参与人**任一**满足收敛条件的严格混合策略序列 $\{p_A^k\}$, 列参与人的混合策略 p_B **不是**对 p_A^k 的最优反应, 对于列参与人**任一**满足收敛条件的严格混合策略序列 $\{p_B^l\}$, 行参与人的混合策略 p_A **不是**对 p_B^l 的最优反应. 所谓收敛条件, 就是 $\lim_{k \to \infty} p_A^k = p_A$ 和 $\lim_{l \to \infty} p_B^l = p_B$.

在一个博弈有多个纳什均衡的情况, 哪个纳什均衡最有可能成为最终的博弈结果, 往往还取决于某种能使博弈参与人产生一致性预测的机制或判断标准. 在现实生活中, 人们往往可以通过一些约定俗成的观念或某种具有一定合理性的机制, 引导博弈的结果朝着比较有利于参与人的方向发展. 作为例子, 现在谈谈谢林教授提出的一种筛选纳什均衡的方法, 就是看哪些纳什均衡是所谓聚点均衡, 作为聚点均衡的纳什均衡, 比其他纳什均衡来得稳定.

谢林指出, 在现实生活中, 参与人可能会使用某些被博弈模型抽象掉的信息来达到一个均衡,这些信息往往跟社会文化习俗、参与人过去博弈的历史和经历有关. 这就是他提出的**聚点均衡** (focal point equilibrium) 概念的基本思想. 事实上, 对于一些既不存在帕雷托优劣关系, 也不存在风险优劣关系的博弈, 人们往往都是利用聚点均衡的思想来指导自己的决策行动.

例如, 在情侣博弈中, 存在 (足球, 足球) 和 (芭蕾, 芭蕾) 两个纯策略纳什均衡以及一个混合策略均衡. 我们前面已经说过, 博弈论往往把 "优先权" 给予纯策略的纳什均衡, 所以在考虑可能的均衡结果时, 我们首先把混合策略均衡排除掉. 在剩下的两个纯策略均衡中, 最终哪一个会出现, 我们是无法仅仅通过理性假设本身推断出来的, 往往需要借助一些双方都认可的默契、约定或其他机制. 如果那天是丽娟的生日, (芭蕾, 芭蕾) 就可能是他们情侣博弈的聚点均衡; 如果大海刚刚因为学习或者工作得奖, (足球, 足球) 就可能是这种情况下他们情侣博弈的聚点均衡.

现在考虑这样的游戏: 在自愿者当中随机抽取两个人, 抽取上来才告诉他们请他们参加如下的名为 "心有灵犀一点通" 的有奖游戏, 他们要在没有沟通的情况下同时各自写下一个数字密封投标, 如果两人所写的数字一样, 他们都将获得相当丰厚的奖励, 但是如果两人所写的数字不一样, 他们将无功而返.

很明显, 这个博弈有无穷多个纳什均衡: 两人都写 1 是这个博弈的纳什均衡, 两人都写 2, 都写 3, 都写 4, 等等, 都是这个博弈的纳什均衡, 两人都写 0, 都写 -273, 等等, 也都是纳什均衡, 还有两人都写 7.23, 都写 96.77, 等等, 仍然是纳什均衡. 问题是尽管纳什均衡那么多, 两人策略选择的对局恰巧是纳什均衡的机会却很小. 说得入理一些的话, 读者应该认识到, 正是因为博弈的纳什均衡太多, 两人策略选择的对局 "恰巧" 成为纳什均衡的机会很小. 既然纳什均衡非常多, 那么可供每个参与人选择的作为均衡策略的策略就非常多, 从而参与人不知道选择其中哪个策略是好. 事实上, 在这个游戏中, 可供参与人选择的每个策略都有可能成为他的纳什均衡策略, 条件是对方也正好选择这个策略! 可是, 要求对方在无穷多可供选择的策略里面恰恰选择你选择的那个策略, 概率真是比你可以想象的任何概率都小.

以上是理论的分析.

可是游戏的实际情况会怎样呢? 虽然预先并不知道要玩这样的游戏, 虽然进入游戏以来一直没有沟通的机会, 甚至两人原来根本就不认识, 但是两位参与人一定会不约而同地把候选策略集中在 1 和 10 这样少数几个数字, 一般不会考虑 2, 3, 0 这些数字, 除非自己对于这些数字当中的某一个有特殊的兴趣, 并且确信对方也正好对于这个数字有同样的兴趣, 更加不会考虑选择 -273, 7.23, 96.77 这样的不常见的数字. 1 和 10 容易成为 "聚点", 是因为 1 代表万物之始, 10 迎合中国人的丰满习惯: 十全大补啦,十大功臣啦,十大罪状啦等.可是北京人讲究六六大顺,说不定会聚点到 6,香港人讲究与"发"字的韵母谐音,多半会聚点到 8.这些因素属于地域文化.时尚因素也会发生作用,比如一群中学生刚刚看完电影《女篮 5 号》或者《女足 9 号》,他们当中两个人被抽中参加这个游戏,那么 5 和 9 就很有"凝聚力".

在面临许许多多可能的均衡的时候,聚点均衡的概念,帮助我们从似乎束手无策的局面中解脱出来.

我们还可以设想大海和丽娟电话打到一半,线路不知道为什么突然中断,这时候他们该怎么办?假如大海马上主动再给丽娟打电话,那么丽娟应该留在电话旁等待,自己不要主动打过去给大海,好把自家电话的线路空出来.但是,假如丽娟等待大海给她打电话以便继续谈下去,而大海却也在等待,那么他们的谈话就"永远"没有机会继续下去了.事实上,在这个如何恢复通话的博弈中,两个明显的纯策略纳什均衡,是(主动,等待)和(等待,主动).问题是他们应该"收敛"到哪一个纯策略纳什均衡.

如果他们早先已经预先商量过要是通话当中线路突然中断该如何恢复通话,那么当然容易采取"相容"的达致某个纳什均衡的策略,因为他们对于哪一个纳什均衡是聚点均衡已经形成共识.可以说,聚点均衡就是共识均衡.

如果他们从来没有商量过通话当中线路突然中断该如何恢复通话,那就要看双方的临机决策是否相容了. 一个解决方案是, 原来打电话过去的一方再次负责打电话, 而原来接电话的一方则继续等待电话铃响. 这么做还有一个好处, 是原来打电话的一方对于另一方的电话号码记忆新鲜, 反过来却未必是这样. 这里谈的当然是没有"来电显示"的情况. 另一种方案是, 假如一方可以"免费"打电话, 而另一方不可以, 比如大海是在办公室使用按月付费的办公电话, 而丽娟在家里开通的是计次或者计时收费的电话, 那么他们很容易不经商量就形成如下共识: 使用"免费"或者"包月"电话的一方, 负责第二次打电话过去.

以上讨论不知不觉又有两个隐含的假设, 那就是通话双方对这次通话的价值评估一样, 而且他们属于同一个"经济共同体", 只关心总的通话费用便宜, 不计较究竟由谁负担. 经济讨论中常常有这样的情况, 就是不知道自己已经引入了或者陷入了一些隐含的条件, 而这些隐含前提或者条件却十分重要, 会给结果带来实质的影响.

我们现在分析通话的双方对于这次通话的价值评估不一样的情况. 比如大海很想跟丽娟讲话, 丽娟却不那么在意, 或者要表示不那么在意, 那么他们自然默契到大海重新打过去的那个纳什均衡. 至于张三打电话求李四办什么事情, 就更是这样的情形, 才不管究竟谁是包月电话谁是计时电话.

像前面讲的"心有灵犀一点通"的游戏那样, 在利益完全一致的情况, 博弈双方能否实现对双方都最有利的纳什均衡, 要看他们默契的程度怎样. 许多兴之所致的联欢,有让夫妻双方猜哑语的节目,道理与上一节说的对数字的游戏基本一样,只不过对数字的游戏对于参与人选择什么数字没有任何限制,但是在夫妻破译哑语的游戏,作为答案的单词是游戏主持人给出的,要求看过这个单词的一方用肢体语言表达这个单词,看看另外一方能否正确破译. 当然,正确破译的前提,是大致恰当的肢体语言描述.

  对于这一类游戏,"心有灵犀一点通",是达致聚点均衡的最高境界.

五、零和博弈与最小最大方法

前面我们讨论过的扑克牌对色游戏这样的博弈,叫做**二人零和博弈** (two-person zero-sum game). 因为参加博弈的只有两个参与人, 所以叫做二人博弈. 两个公司、两个国家、两个国家集团的博弈, 也叫二人博弈. 又因为每一个策略对局之下博弈双方的总支付即双方得失之和总是零, 所以叫零和博弈. 在扑克牌对色游戏的情况 (表 5.1), 每一对局之下博弈的结果不外乎你输一根火柴我赢一根火柴或者你赢一根火柴我输一根火柴, 每一对局之下你的支付与我的支付的总和总是保持为零, 所以是零和博弈.

表 5.1 你我的扑克牌对色游戏

我

		红	黑
你	红	1 / -1	-1 / 1
	黑	-1 / 1	1 / -1

71

如果博弈参与人不是两个,而是多个参与人,那么只要每局博弈这些参与人的支付之和总是 0,就叫做多人零和博弈.

世界许多国家的孩子们都会玩"布剪锤猜拳游戏".如果两个孩子玩布剪锤猜拳游戏,布赢锤,锤赢剪,剪赢布,布布打平,锤锤打平,剪剪也打平.当发生输赢的时候,一定数量的"财富",比如约定为 1 吧,从输家流向赢家,当打平的时候,双方之间并不发生"财富"的转移.请读者把这个布剪锤猜拳游戏的博弈矩阵写下来.这将是一个 3 行 3 列的表格,左边参与人的三个策略分别是布、剪、锤,上方参与人的三个策略也是布、剪、锤.这个布剪锤猜拳游戏博弈,当然也是二人零和博弈.

还有一些二人博弈,每局双方得失之和虽然不是零,却是一个常数.例如双方每进行一局博弈除了他们之间的输赢支付外,还要向提供游戏器具或者场所的第三方交纳一定的租金,则每局双方得失之和就是一个负的常数.或者反过来,每进行一局博弈,除了他们之间的输赢支付外,双方还可以得到"出场费"那样来自第三方的一定数量的奖励,则每局双方得失之和就是一个正的常数.这些博弈都称作"常和"二人博弈.推而广之,如果一个多人博弈每局各方得失之和是一个固定的常数,这个博弈就叫做多人常和博弈.

在零和博弈中,任何参与人的所得,都是其他参与人之所失.所以,零和博弈是利益对抗程度最高的博弈.其实,常和博弈也是这样,任何参与人的所得,都是其他参与人之所失. 由于这个原因, 也由于在理性假设之下, 常和博弈与零和博弈在处理上没有质的差别, 所以 <u>博弈论一般约定不把常和博弈纳入非零和博弈的范畴</u>. 本书沿用这样的约定, 即如果不作另外的声明, 所说的非零和博弈, 专指博弈矩阵各个格子当中的支付之和并不总是相等的所谓 "变和博弈", 而不包括非零常和的常和博弈.

在非零和博弈中, 一个参与人的所得并不一定意味着他的对手要遭受损失, 更不一定意味着他的对手要遭受同样数量的损失. 总之, 不同参与人的支付之间并不存在 "你之得即我之失" 这样一种简单的关系. 这里隐含的一个意思是, 参与人彼此之间可能存在某种共同的利益, 蕴涵博弈参与人 "双赢" 或 "多赢" 这一博弈论非常重要的理念.

例如大家都已经非常熟悉的囚徒困境博弈, 就是一个非零和博弈 (表 5.2).

表 5.2 囚徒困境博弈

乙

		坦白	抵赖
甲	坦白	-3 / -3	-5 / 0
	抵赖	0 / -5	-1 / -1

需要指出的是, 虽然双方都选择 "抵赖" 就能实现两个参与人双赢的结局, 但如果给定对方选择抵

赖,则我方最好的选择是坦白.因此,如果没有一种约束机制,双方是不可能有激励维持这种双赢局面的.

回到我们的扑克牌对色游戏(表 5.3).如果单独把你作为行参与人的博弈支付写出来,那就得到下面单独"你"的支付矩阵.这个矩阵的意义是清楚的.例如右上角的 1 表示,如果你翻红而我翻黑,你的得益就为 1,即我输一根火柴给你.值得注意的是,前面的矩阵是我们一直在用的"双矩阵",每个格子里面有行参与人的支付和列参与人的支付这样两个数字,而下面的矩阵,本质上是我们从代数中早已熟悉的矩阵,每个位置一个数,只不过代数中一般用两条弧线或者方括号那样的两条竖线括住,现在则从双矩阵的习惯写法继承下来,使用表格.

表 5.3 扑克牌对色游戏"你"的支付矩阵

		我 红	我 黑
你	红	-1	1
	黑	1	-1

把"你"的支付矩阵的所有元素改变符号,变成表 5.4,就得到"我"的支付矩阵.这是因为对于二人零和博弈来说,行参与人之所得,就是列参与人之所失;行参与人之所失,就是列参与人之所得.

由于这种相互为负数的关系,我们在研究这个二人零和博弈的时候,只要盯着"你"一个人的支付矩阵或者"我"一个人的支付矩阵就够了.讨论二人零和博弈的时候,通常只使用一个参与人的支付矩阵,就是这个道理.这种标准形式的矩阵,反过来可以叫做单矩阵,以与博弈论常用的双矩阵区别开来.

表 5.4 扑克牌对色游戏"我"的支付矩阵

		我	
		红	黑
你	红	1	−1
	黑	−1	1

寻求二人零和博弈的纯策略纳什均衡,可以采用我们前面介绍过的相对优势策略下划线法,还可以采用最早由**冯·诺伊曼** (John von Neumann) 提出的最小最大方法.冯·诺伊曼是美籍匈牙利裔学者,被不少人推崇为 20 世纪最伟大的数学家.他是现代计算机科学的奠基人,还是博弈论和现代数理经济理论的奠基人之一.

最小最大方法依托于这么一个想法:参与人在进行零和博弈时对他们自己取得好结果的机会抱"保守"的或者"悲观"的态度.作为一个参与人,你估计你的对手将采取对他自己最有利的策略.按照零和博弈的性质,他的选择会使你获得最差的支付.同样,你的对手也会想,你会在所有可能选择的策略中,选择一个对他最不利的策略.

这样,参与人应当如何行动呢?假定现在给出的是行参与人的支付矩阵,那么行参与人当然希望博弈的结果是支付尽可能大的那个格子,而列参与人则希望博弈的结果是(行参与人)支付尽可能小的那个格子.按照我们前面谈到的"悲观"逻辑,行参与人估计,对他所能选择的每个行策略,列参与人都将选择该行中数字最小的那一列.因此,行参与人应该选择在列参与人所选择的这些每行的最小的数字中最大的数字所对应的那一行,简单来说就是选择"最小"中的"最大",英语中简写为 maximin. 类似地,列参与人也会认为,对于他所能选择的每一列,行参与人都将选择该列中具有最大数字的那一行.于是列参与人会在行参与人所选择的这些每列的最大数字中选择最小的数字所对应的那一列,简单来说就是"最大"中的"最小",英语简写为 minimax.

如果行参与人的 maximin 的值与列参与人的 minimax 的值出现在支付矩阵的同一个位置(同一个格子),则该结果就构成博弈的纳什均衡.例如,假定行参与人的 maximin 选择是他的第三行,而列参与人的 minimax 选择是他的第四列,则第三行第四列的支付所代表的既是行参与人的 maximin, 同时也是列参与人的 minimax. 给定第三行,第四列的位置的数字必然是该行中最小的一个;如果行参与人选择与第三行对应的行策略,则列参与人的最佳反应是选择与第四列对应的列策略.反过来,给定第四列,第三行的位置的数字必然是该列中最大的一个;如果列参与人选择第四列所对应的列策略,则行参与人的最佳反应是选择与第三行对应的行策略.由于这些选择都是双方的最优反应,因此它构成一个纳什均衡.

上述这种在零和博弈中寻找纯策略纳什均衡的

方法, 称为**最大最小 —— 最小最大方法** (Maximin-minimax Method), 简称为**最小最大方法** (Minimax Method). 如果一个零和博弈存在纯策略纳什均衡, 那么运用这种方法就可以把所有这些纯策略纳什均衡找出来.

下面是二人零和博弈的一个具体例子, 假定行参与人甲的支付矩阵如下 (表 5.5):

表 5.5 二人零和博弈行参与人的支付矩阵

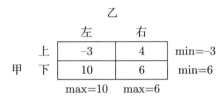

首先看甲. 他如果选择上策略, 则他可能得到的最小支付是 –3, 如果他选择下策略, 则他可能得到的最小支付是 6, 所以甲会选择下策略. 现在看乙. 如果乙选择左策略, 则甲可能得到的最大支付是 10, 如果乙选择右策略, 则甲可能得到的最大支付是 6, 所以乙会选择右策略.

把支付矩阵每一行的最小值写在该行的最右边, 把每一列的最大值写在该列的最下端, 能够很直观地帮助我们找出行参与人的 maximin 和列参与人的 minimax. 上面就是这样做的. 做了以后我们发现, 甲的 maximin 和乙的 minimax 都在支付矩阵的同一个位置出现. 因此, 甲的 maximin 策略是针对乙的 minimax 策略的最佳反应, 反之亦然. 至此, 我们运用最小最大的方法,找出了这个博弈的纯策略纳什均衡,即甲选择下策略,乙选择右策略,结果甲获得6,乙只能得到-6.

需要指出的是,最小最大方法与相对优势策略下划线法一样,都是寻找同时行动博弈的纯策略纳什均衡的方法,但是最小最大方法的适用范围要窄一些,只适用于零和博弈,对于非零和博弈它就束手无策了.其中的原因在于,在非零和博弈中,可能存在共同利益,从而选择一个你可能得到的所有最小支付中的最大者,不一定是你的最优反应,因为你的对手所选择的最优策略未必是使你获得最差支付的策略.

上面介绍的最小最大方法,只适用于寻找零和博弈中的纯策略纳什均衡,如果一个博弈不存在纯策略纳什均衡,我们就需要把上述方法予以扩展,以便找出混合策略的纳什均衡.

首先让我们回头看扑克牌对色游戏博弈的例子(表5.6),我们已经知道这个博弈不存在纯策略纳什均衡,但是现在我们可以通过刚刚介绍的最小最大方法来说明这一点.

表 5.6 扑克牌对色游戏

Q

		红	黑	
	红	1	−1	min=−1
P	黑	−1	1	min=−1
		max=1	max=1	

由于这是一个零和博弈，P 会认为，对于每一个他所能选择的策略，Q 总是会针对性地采取对他最不利的策略，即尽量避免翻出跟 P 相同颜色的扑克牌. 上面是 P 的支付矩阵，我们在 P 所能采取的每一个行策略的最右端写出了该行的最小值：翻红牌时是 -1，翻黑牌时也是 -1. 因此，P 的 maximin= -1. 由于两者无差异，所以 P 既可以选择翻红牌，也可以选择翻黑牌. 现在我们再来看 Q 的选择. Q 会认为，对于每一个他所能采取的策略，P 总是尽量采取对自己最有利的策略，即尽量增加翻出与 Q 同样颜色的扑克牌片的概率. 我们在 Q 所能采取的每一个列策略的最下端写出了该列的最大值：翻红牌时是 1，翻黑牌时也是 1，因此，Q 的 minimax=1.

现在，maximin$\neq$minimax，行参与人的 maximin 的值与列参与人的 minimax 的值一直没有出现在支付矩阵的同一个位置，于是根据前面的分析我们知道，这个博弈不存在纯策略的纳什均衡.

我们需要采取新的方法，解决这个问题. 直觉告诉我们，在玩这个扑克牌对色游戏时，不应当让对手清楚你的行动选择，否则的话，对手就可以针对你所采取的行动，选择一种对他自己最有利的翻牌策略，把你打败. 这是一个零和博弈，对手选择对他自己最有利的策略，必然是使你遭受最大损失的策略. 因此，每个参与人都不希望让对方能够猜到自己的出牌策略，这可以通过随机化自己的纯策略选择来实现. 具体来说，每个参与人都可以通过恰当地随机翻红或翻黑的策略，使自己获得更好的博弈结果：P 可以实现更高的 maximin, 而 Q 可以实现更低的 minimax.

我们首先从 P 的角度来考虑这个问题. 下面, 我们扩展了 P 的支付矩阵, 多增加一行来表示 P 的混合策略 (表 5.7): 以 p 的概率翻红牌, 以 $1-p$ 的概率翻黑牌. 我们把 P 的混合策略简称为 p-混合. 注意, 当 P 只有两个纯策略选择时, 随机化这两个策略会形成一个连续的策略选择区间, 这一点读者在前面讨论混合策略时已经有所体会.

表 5.7 增加一个 "p-混合策略"

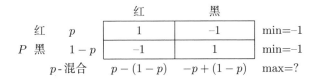

为了找出 P 的最优概率选择 p, 我们必须考虑 p 的所有可能取值所产生的博弈结果. 我们下面介绍的方法, 本质上等价于找出 P 的最大最小策略, 即在 p 的所有可能取值中找出能最大化 P 可能得到的最小支付的 p 值. 差别在于, 原来 p 的所有可能取值只是 0 和 1, 现在 p 可以取从 0 到 1 的所有值.

现在, 我们需要用支付的期望值来表示与 P 的新策略 "p-混合" 相应的支付. P 采取 p-混合策略时的两个 (期望) 支付值, 分别表示当 Q 翻红牌或者翻黑牌时, P 采取 p-混合策略所能得到的期望支付. 这样, 现在 P 就有三个策略选择了: 红、黑以及

p-混合. 同样根据我们前面介绍的最小最大方法的思想, P 会预期 Q 总是选择使 P 获得最小支付的策略. 与以前一样, 我们希望在每一行的最右端列出该行的最小值. 但是, 混合策略行的最小值取决于变量 p. 为此, 我们需要考虑 p 在区间 $[0,1]$ 上的每一个可能的取值所对应的该行的最小值究竟是多少. 这可以通过画图的方法来解决.

对于 Q 翻红牌, P 的 p-混合策略所产生的期望支付是 $p-(1-p)=2p-1$. 我们可以在一个二维平面上画出当 Q 选择翻红牌时 P 的期望支付直线 $2p-1$ 的图像 (图 4), 把它叫做直线 Q_R, 下标 R 表示红. 当 $p=0$ 时, P 所得到的支付为 -1, 因此 -1 就是直线 Q_R 在图左端的纵截距; 当 $p=1$ 时, P 所得到的支付为 1, 因此 1 就是直线 Q_R 在图右端的纵截距. 在这两点之间 P 的期望支付直线的取值, 就是当 p 位于 0 和 1 之间且 Q 选择翻红牌时, P 所得到的期望支付. 直线 Q_B 表达的是类似的意思, 即当 Q 选择翻黑牌时 P 的 p-混合策略所产生的期望支付. 当 Q 选择翻黑牌时, P 使用 p-混合策略的期望支付是 $1-2p$, 因此当 $p=0$ 时, P 得到的支付是 1; 当 $p=1$ 时, P 得到的支付是 -1. 因此, 1 和 -1 分别是直线 Q_B 在图的左端和右端的纵截距. 在这两个点之间, 我们可以观察到 P 的支付如何随着他选择翻红牌的概率 p 的变化而变化.

这两条直线有唯一的交点 p^*, 这个 p^* 值对我们寻找混合策略纳什均衡至关重要. 事实上, p^* 值完全确定了博弈的混合策略纳什均衡. 从 $2p-1=1-2p$

我们得到
$$p^* = 1/2 = 0.5.$$

直线 Q_R 和 Q_B 相交的 p^* 值是 0.5. 对于比 0.5 小的 p 值即位于交点左端的那些 p 值,直线 Q_B 要高于直线 Q_R;而对于比 0.5 大的 p 值即位于交点右端的那些 p 值,直线 Q_R 要高于直线 Q_B. 另外,在交点处,P 的期望支付是 0.

在均衡状态下,对于每一个可能的 p-混合策略,P 会预期 Q 总是选择对自己最有利因而对 P 最不利的行动. 因此,对于任何一个具体的 p 值,P 总是预期 Q 会选择与图中两条直线中处于较低位置的直线所对应的行动 (图 4).

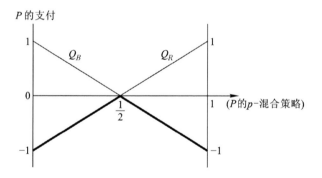

图 4　图解 P 的 p-混合策略面对的期望支付

在上面的图里面,我们用粗黑线把直线 Q_R 和 Q_B 位于另一条直线下方的部分标示出来,以强调在 P 所能选择的每一个 p-混合策略下,Q 能够做到的使 P 得到的最低支付. 这个呈倒 V 型的图像给出

了在 P 所能选择的所有混合策略与他所能得到的最小支付之间的关系. 这条倒 V 型折线表示的就是 maximin, 不过不再是离散两三个点, 而是一个函数.

事实上, 在完成上述步骤后, 我们甚至可以省略掉 P 的前两个纯策略行, 因为这两个纯策略选择被 p-混合策略覆盖. 在 $p=0$ 的那一点, 所对应的就是 P 的翻黑牌的纯策略选择, 由此产生的支付为 -1; 而 $p=1$ 所对应的, 就是 P 的翻红牌的纯策略选择, 由此产生的支付也是 -1. 这没什么奇怪, 因为对方总是力图压低你的博弈所得, 既然你笨得只出黑牌或者只出红牌, 那就只好每盘都输了.

现在就容易找出 P 的最优混合策略选择了, 它是粗黑倒 V 形折线的最高点. 这个最高点对应于 P 的所有 p 值选择所产生的最小支付中的最大者. 因此, 当 P 选择 $p^* = 0.5$ 时, 无论 Q 选择翻红牌还是翻黑牌, 他所得到的支付都是 0. 对于 P 可能选择的其他 p 值, Q 都会通过选择某个纯策略, 即一直翻红牌或者一直翻黑牌, 从而使 P 得到的期望支付都小于 0. 因此, P 随机地以 50% 的概率选择翻红牌, 以 50% 的概率选择翻黑牌的策略, 是唯一不被 Q 利用从而增加 Q 的支付的策略. 这就是 P 的最优策略选择.

现在我们再从列参与人 Q 的角度来探讨这个问题. 按照同样的思路, Q 也可以通过选择适当的混合策略, 压低对方的最大支付. 假定 Q 选择翻红牌的概率为 q, 选择翻黑牌的概率是 $1-q$, 我们称这个策略为他的 q-混合策略. 给定 P 的每个纯策略选择, 讨论 Q 采取 q-混合策略时**行参与人 P 所得到的支付,** 也应该盯着支付的期望值 (表 5.8).

表 5.8 增加一个 "q-混合策略"

Q

		红 q	黑 $1-q$	q-混合
P	红	1	-1	$q-(1-q)$
	黑	-1	1	$-q+(1-q)$
		max=1	max=1	max=?

针对 Q 的每一个策略, Q 预期 P 会作出自己的最优反应. 因此, 我们在每一列的最下方列出了 P 的最大支付. 当 Q 采取 q-混合策略时所对应的 P 的期望支付最大值, 同样可以通过图解的方法表示出来. 现在横轴表示 q 在 0 和 1 之间的取值, 纵轴表示 P 的期望支付. 图上有两条直线: 单调增加的直线表示当 Q 采取 q-混合策略时, P 选择翻红牌所得到的支付. q 越大, 意味着 Q 更多地选择翻红牌; 因此 P 选择翻红牌所得到的期望支付也会更高. 类似地, 向下倾斜的直线表示当 Q 采取 q-混合策略时, P 选择翻黑牌所得到的支付.

后面的讨论就完全一样了. 图 5 中 V 形粗黑折线所标示的, 就是 P 针对 Q 的 q-混合策略的每个可能取值做出的最优反应. Q 应当选择的, 是 V 形粗黑折线的最低点. 可见在这个博弈中, Q 随机地以 50% 的概率选择翻红牌, 以 50% 的概率选择翻黑牌的策略，是唯一不被 P 利用并增加 P 的支付的策略. 这就是 Q 的最优策略选择.

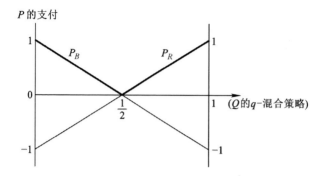

图 5　图解 Q 的 q-混合策略面对的期望支付

找出 P 和 Q 的最优策略选择后，接下来要做的就是把这两个策略选择放在一起，并证明它们构成这个博弈的纳什均衡. 当然，证明的思路仍然体现纳什均衡的精髓: 单独偏离没有好处.

我们看到，给定 P 选择 p-混合策略，即 $p = 0.5$，此时 Q 无论是选择翻红牌还是翻黑牌，他所得到的期望支付都是 0，这与他采取 q-混合策略时所得到的支付是相同的，因此，Q 没有激励偏离给定的 q-混合策略的选择. 事实上，这也是我们说 $q = 0.5$ 构成 Q 的最优选择的整个逻辑基础.

反过来，给定 Q 选择 q-混合策略，也是 $q = 0.5$，P 选择翻红牌或翻黑牌的纯策略，或者两者混合的策略所得到的期望支付都是 0. 因此，他没有激励偏离给定的 $p = 0.5$ 的混合策略选择. 这样，P 的

$p = 0.5$ 就是针对 Q 的 $q = 0.5$ 的最优反应; 反之亦然, 这在前面已经说过. 合起来, 这两个混合策略互为 P 和 Q 的最优反应, 从而也就构成这个博弈的纳什均衡.

求解二人零和博弈的这种方法, 可以叫做**扩展的最小最大方法**. 原来的最小最大方法, 只是比较各种纯策略组合下的支付, 比较有限个离散的数, 现在扩展的最小最大方法, 则沿着一升一降两条直线, 连续地考察和比较相应的 (期望) 支付.

重要的是体会, 无论原本的最小最大方法, 还是扩展的最小最大方法, 都已经体现纳什均衡的思想. 可是在那个时候, 却还没有形成纳什均衡这样明确的概念.

2000 年 6 月, 希腊雅典大学授予约翰·纳什荣誉学位, 他们特邀美国普林斯顿大学经济学系教授迪克西特在典礼上讲话. 迪克西特说:

"假如经济学家是按照他们撰写的论文的每篇平均的贡献大小排定座次, 那么约翰·纳什就有极好的理由争夺头把交椅, 大约只有弗兰克·拉姆齐 (Frank Ramsey) 可以是唯一的对手. 在纳什短暂而辉煌的学术生涯里, 他只写了 6 篇论文, 却将非合作博弈论从冯·诺伊曼和摩根斯滕的二人零和的框架解放出来."

大家知道, 拉姆齐也被许多人认为是一位数学家, 一位英年早逝的天才数学家.

迪克西特说:

"按照纳什的框架, 每一个参与者因应别人的策略选择自己的策略,当所有这些选择相互一致的时候,就达到均衡.在标准的马歇尔竞争市场或瓦尔拉斯竞争市场,每一个独立消费者或企业正是按照市场价格决定自己应该购入还是卖出;在所有这些决定相互一致的时候就会出现均衡价格.因此,纳什的方法是这种'选择与均衡'的经济学框架在策略情形的一个自然延伸.纳什的定理适用于任意数目的参与者,适用于任意混合的共同利益和利益冲突的情形;这在许多人相互影响的经济学中是不可或缺的,而在贸易当中既存在互利互惠,也有利益冲突.这一切使纳什均衡成为反映理性个体之间相互影响的一个绝佳模型,而这样的相互影响早已覆盖整个经济学领域,还扩张到许多其他领域.需要用到这个定理的作者们觉得再也没有必要明确引用纳什的论文,而是简单地称为'纳什均衡'就可以了.假如别人每次写到或说到'纳什均衡',纳什就能得到1美元,那么他早就变成大富翁了."

"科学领域一些最出色的想法,一旦有人想到之后,我们会发现其实很简单,有时甚至觉得显而易见.这就是那些会让你猛敲自己脑壳,叹息一声'我怎么就想不到呢?'的论文.对于纳什的论文,我自己是不会有那样的懊恼的,因为那时候我只有5岁,不过,包括传奇人物冯·诺伊曼在内的其他人居然都没有想到这一点,倒是让我感到非常惊讶."

是啊,本书的读者都可以体会,纳什均衡并不是什么非常困难的概念.可是在纳什以前,包括冯·诺伊曼在内,人们只是接近它,却没有准确地刻画出来.

迪克西特还说:

"纳什在数量那么少的论文里作出那么大的成就,这使我们不由得设想,假如他的学术生涯在1960年之后可以正常延续,还会发生什么事情.他会不会按照同样的速度完成同样令人瞠目结舌的论文? 只可惜,我们是永远不会知道答案了."

接着,迪克西特用希腊语念出了希腊谚语"天神宠爱者英年早逝". 他说:

"这就是发生在弗兰克·拉姆齐身上的事情. 而在约翰·纳什的例子里,天神一定也是爱极了他的头脑,以至于要将他的头脑从我们这里夺走几乎30年之久. 但是,天神也并非冷酷无情; 他们一定听到了约翰的许多富有献身精神的忠实朋友以及数目更加庞大的崇拜者的祈祷,最后还是决定将他的头脑原封不动还给我们. 现在,他正积极致力于他在几乎半个世纪以前丢下的后续研究,尝试建立一个解决多人讨价还价的方法,取代通过一个非合作过程选举指定谈判代理人的方式达成的合作协同编队. 我们热切期待看到这些研究的成果."

六、零和博弈的线性规划解法

求解零和博弈，除了可以采用上面介绍的最小最大方法以及早先的反应函数法以外，还可以采用下面介绍的线性规划解法. 20 世纪后半叶，世界进入计算机时代. 要问计算机解决得最多的科学计算问题是什么，线性规划问题的求解可算得上一个. 有资料说，当今世上实际经济效益最大的科学计算方法，就是线性规划问题的单纯形算法. 半个多世纪以来，由于巨大经济效益的推动，包括**单纯形算法** (simplex method) 在内的线性规划问题的各种解法，已经非常成熟. 我们在这里当然只能就很小规模的零和博弈问题给大家讲解零和博弈的线性规划解法，但是读者掌握了零和博弈的线性规划解法的原理以后，就能够利用求解线性规划问题的成熟的软件，解决大规模的零和博弈问题.

在扑克牌对色游戏，如果我们记 P 出红牌的概率为 p_1，出黑牌的概率为 p_2，则有 $p_1 \geqslant 0, p_2 \geqslant 0$，并且 $p_1 + p_2 = 1$. 这时候，$p = (p_1, p_2)$ 就是 P 的混合策略向量. 同样，记 Q 的混合策略向量为 $q = (q_1, q_2)$，

满足 $q_1 \geq 0$, $q_2 \geq 0$, 并且 $q_1 + q_2 = 1$.

在一般零和二人博弈的情况, 两个参与人的混合策略 p 和 q 都是**概率向量**, 其维数等于可供相应参与人选择的纯策略的数目. 这里需要说明, 许多数学课本喜欢用黑体字母或者字母上面加箭头的方式, 来突出地把向量与所谓标量即一般数值区别开来. 我们不这样做. 一个字母究竟是标量还是向量, 读者据上下文应该非常清楚.

冯·诺伊曼证明, 每个零和二人博弈都有唯一的均衡值: P 可以找到自己的最优混合策略 p, 按照 p 这个最优策略行事, 平均来说每局 P 的支付至少是 ω'; Q 也可以找到自己的最优混合策略 q, 按照 q 这个最优策略行事, 平均来说每局 P 的支付不超过 ω''. 最重要的是, 冯·诺伊曼证明了, $\omega' = \omega''$, 统一记作 ω, 称为这个零和二人博弈的**均衡值** (equilibrium value).

因此, P 最好依 p 行事, 否则平均每局所得可能低于 ω; 同样, 如果 Q 不依最优策略 q 行事, 平均每局 P 的所得就可能高于 ω.

下面介绍怎样把零和二人博弈问题转化为线性规划问题, 虽然线性规划问题原来是从另一类实际问题中抽象出来的. 貌似不同的事物竟然有如此深刻的内在联系, 实乃数学的力量和魅力之所在. 对这种"转化"解法合理性的论证, 已见于多种教科书, 有兴趣的读者可以自己找来参阅. 在此, 我们只是叙述这种转化解法的具体步骤.

设参与人 P 有 m 个纯策略而参与人 Q 有 n

个纯策略, 于是双方的混合策略可分别表示为 m 维概率向量 $p = (p_1, \cdots, p_m)$ 和 n 维概率向量 $q = (q_1, \cdots, q_n)$. 设参与人 P 的 m 行 n 列的支付矩阵是

$$B = \begin{bmatrix} b_{11} & b_{12} & \cdots & b_{1n} \\ b_{21} & b_{22} & \cdots & b_{2n} \\ \vdots & \vdots & & \vdots \\ b_{m1} & b_{m2} & \cdots & b_{mn} \end{bmatrix}$$

首先, 选取一个适当的常数 τ, 加到矩阵 B 的每个元素上去, 得到一个所有元素都是正数的新矩阵

$$\begin{aligned} A &= \begin{bmatrix} a_{11} & a_{12} & \cdots & a_{1n} \\ a_{21} & a_{22} & \cdots & a_{2n} \\ \vdots & \vdots & & \vdots \\ a_{m1} & a_{m2} & \cdots & a_{mn} \end{bmatrix} \\ &= \begin{bmatrix} b_{11}+\tau & b_{12}+\tau & \cdots & b_{1n}+\tau \\ b_{21}+\tau & b_{22}+\tau & \cdots & b_{2n}+\tau \\ \vdots & \vdots & & \vdots \\ b_{m1}+\tau & b_{m2}+\tau & \cdots & b_{mn}+\tau \end{bmatrix} \end{aligned}$$

然后, 将博弈问题转化为矩阵 A 的**线性规划问题** (linear programming) 来解, 即在约束条件

$$u_1, \cdots, u_m \geqslant 0$$

和

$$\begin{bmatrix} a_{11} & a_{21} & \cdots & a_{m1} \\ a_{12} & a_{22} & \cdots & a_{m2} \\ \vdots & \vdots & & \vdots \\ a_{1n} & a_{2n} & \cdots & a_{mn} \end{bmatrix} \begin{bmatrix} u_1 \\ u_2 \\ \vdots \\ u_m \end{bmatrix} \geqslant \begin{bmatrix} 1 \\ 1 \\ \vdots \\ 1 \end{bmatrix}$$

之下，求出使目标函数

$$\sigma = u_1 + \cdots + u_m$$

达到最小的 m 维向量

$$u = (u_1, \cdots, u_m).$$

这时，m 维向量

$$p = (u_1/\sigma, \cdots, u_m/\sigma)$$

就是 P 的最优混合策略，均衡值则是

$$\omega = (1/\sigma) - \tau.$$

同样，如果在约束条件

$$v_1, \cdots, v_n \geqslant 0$$

和

$$\begin{bmatrix} a_{11} & a_{12} & \cdots & a_{1n} \\ a_{21} & a_{22} & \cdots & a_{2n} \\ \vdots & \vdots & & \vdots \\ a_{m1} & a_{m2} & \cdots & a_{mn} \end{bmatrix} \begin{bmatrix} v_1 \\ v_2 \\ \vdots \\ v_n \end{bmatrix} \leqslant \begin{bmatrix} 1 \\ 1 \\ \vdots \\ 1 \end{bmatrix}$$

之下，求出使目标函数

$$\sigma = v_1 + \cdots + v_n$$

达到最大的 n 维向量

$$v = (v_1, \cdots, v_n),$$

那么，n 维向量

$$q = (v_1/\sigma, \cdots, v_m/\sigma)$$

就是 Q 的最优混合策略，博弈的均衡值也是

$$\omega = (1/\sigma) - \tau.$$

例如对于我们熟悉的扑克牌对色游戏，可以这样来求 P 的最优混合策略：

首先，取 $\tau = 4$，使

$$B = \begin{bmatrix} 1 & -1 \\ -1 & 1 \end{bmatrix}$$

变成

$$A = \begin{bmatrix} 1+4 & -1+4 \\ -1+4 & 1+4 \end{bmatrix} = \begin{bmatrix} 5 & 3 \\ 3 & 5 \end{bmatrix},$$

然后，在约束条件

$$u_1, u_2 \geqslant 0$$

和

$$\begin{bmatrix} 5 & 3 \\ 3 & 5 \end{bmatrix} \begin{bmatrix} u_1 \\ u_2 \end{bmatrix} \geqslant \begin{bmatrix} 1 \\ 1 \end{bmatrix},$$

即
$$\begin{cases} 5u_1 + 3u_2 \geqslant 1, \\ 3u_1 + 5u_2 \geqslant 1 \end{cases}$$

之下, 求出使目标函数

$$\sigma = u_1 + u_2$$

达到最小的 2 维向量

$$u = (u_1, u_2).$$

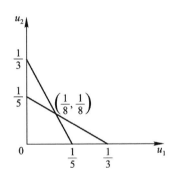

图 6　简单线性规划问题的几何解法

在 u_1-u_2 平面上 (图 6), $u_1, u_2 \geqslant 0$ 表示第一象限, 区域 $5u_1 + 3u_2 \geqslant 1$ 在直线 $5u_1 + 3u_2 = 1$ 的右上方, 区域 $3u_1 + 5u_2 \geqslant 1$ 在直线 $3u_1 + 5u_2 = 1$ 的右上方. 现在请你把第一象限中位于这两条直线右上方的区域, 涂上阴影. 这时, 符合约束条件的所谓**可行区域** (feasible area), 就是你在图 6 中涂出来的阴影区域. 符合 "$u_1 + u_2 = $ 常数" 的所有直线, 都具

有斜率 -1. 所以, 既经过阴影区域, 又使得直线方程 "$u_1 + u_2 =$ 常数" 中的 "常数" 最小的直线, 就是通过阴影区域左下角的那条直线. 也就是说, 阴影区域中使得 $\sigma = u_1 + u_2$ 达到最小的点, 就是那个角点, 其坐标为 $u_1 = 1/8$ 和 $u_2 = 1/8$. 至此, 你得到向量 $u = (u_1, u_2) = (1/8, 1/8)$, 据此可以算出目标函数的最小值 $\sigma = u_1 + u_2 = 1/4$. 到了这个时候, 你知道 P 的最优混合策略是 $p = (u_1/\sigma, u_2/\sigma) = (1/2, 1/2)$, 博弈的均衡值是 $\omega = (1/\sigma) - \tau = 4 - 4 = 0$.

由此可见, 在扑克牌对色博弈中, P 最好是手持一枚硬币, 每一局之前掷一次硬币, 正面向上就出红, 反面向上就出黑. 因为掷硬币时正面向上和反面向上的概率正好都是 $1/2$, 就可以保证平均在每局博弈中 P 的所得不少于 ω. 扔硬币决定的好处是, 既实现了 $p = (1/2, 1/2)$ 的最优混合策略的概率要求, 又保证了具体每次出红还是出黑的随机性. 明白这个道理以后, 你知道在掷硬币以决定自己在每一局中的具体策略时, 掷得的结果千万不要让对方看到.

至于求 Q 的最优混合策略, 就在约束条件 $v_1, v_2 \geqslant 0$ 和 $5v_1 + 3v_2 \leqslant 1$, $3v_1 + 5v_2 \leqslant 1$ 之下, 求出使得目标函数 $\sigma = v_1 + v_2$ 达到最大的点即向量 $v = (v_1, v_2)$. 注意, 这时候直线还是一样, 但是阴影区域变成第一象限中两条斜线的左下方围成的地方, 请把这个区域涂上阴影, 我们要在阴影区域找出使得 $\sigma = v_1 + v_2$ 达到最大的 $v = (v_1, v_2)$. 按照这种方法, 我们得到 $v = (v_1, v_2) = (1/8, 1/8)$, 从而 $\sigma = v_1 + v_2 = 1/4$. 据此可知, Q 的最优混合策略是 $q = (v_1/\sigma, v_2/\sigma) =$

$(1/2,1/2)$, 也是以出红和出黑的概率都是 $1/2$ 那样随机地出牌为最佳, 博弈的均衡值也是 0.

上面, 我们取 $\tau=4$ 进行计算. 其实, 取 $\tau=2,3,5,\cdots$, 都一样可以算出正确的结果来. 请读者取 $\tau=2$ 试试.

现在考虑如下的所谓 3×2 二人零和博弈: 博弈参与人仍然是 P 和 Q, 但是现在 P 有 a、b 两种纯策略, Q 有 c、d、e 三种纯策略, P 的支付矩阵是

$$B=\begin{bmatrix} 2 & 1 & -1 \\ -1 & -2 & 3 \end{bmatrix}$$

我们首先取 $\tau=3$, 得到矩阵

$$A=\begin{bmatrix} 5 & 4 & 2 \\ 2 & 1 & 6 \end{bmatrix},$$

然后在约束条件

$$u_1, u_2 \geqslant 0$$

和

$$\begin{bmatrix} 5 & 2 \\ 4 & 1 \\ 2 & 6 \end{bmatrix} \begin{bmatrix} u_1 \\ u_2 \end{bmatrix} \geqslant \begin{bmatrix} 1 \\ 1 \\ 1 \end{bmatrix},$$

即

$$\begin{cases} 5u_1+2u_2 \geqslant 1, \\ 4u_1+u_2 \geqslant 1, \\ 2u_1+6u_2 \geqslant 1 \end{cases}$$

之下, 求出使目标函数

$$\sigma=u_1+u_2$$

达到最小的 2 维向量

$$u = (u_1, u_2).$$

从下面的图解 (图 7) 可知, 这个线性规划的解为 $u = (u_1, u_2) = \left(\dfrac{5}{22}, \dfrac{1}{11}\right)$. 这时, $\sigma = u_1 + u_2 = 7/22$, 所以 P 的最优混合策略 $p = (u_1/\sigma, u_2/\sigma) = (5/7, 2/7)$, 即应当随机地以 $5/7 \approx 71.4\%$ 的概率采用策略 a, 以 $2/7 \approx 28.6\%$ 的概率采用策略 b. 博弈的均衡值则是 $\omega = (1/\sigma) - \tau = 22/7 - 3 = 1/7$.

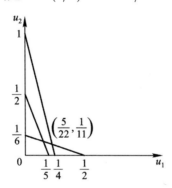

图 7　简单线性规划问题的几何解法

如果求 Q 的最优混合策略, 就需要先在约束条件

$$v_1, v_2, v_3 \geqslant 0$$

和

$$\begin{bmatrix} 5 & 4 & 2 \\ 2 & 1 & 6 \end{bmatrix} \begin{bmatrix} v_1 \\ v_2 \\ v_3 \end{bmatrix} \leqslant \begin{bmatrix} 1 \\ 1 \end{bmatrix}$$

之下,求出使得目标函数 $\sigma = v_1 + v_2 + v_3$ 达到最大的点即向量 $v = (v_1, v_2, v_3)$.

求 Q 的最优混合策略的这个线性规划问题有三个变量 v_1, v_2, v_3. 如果你学过一点解析几何,并且空间想象能力非常强,那么你可以尝试用立体的图解法把它们求出来,得到 $v = (v_1, v_2, v_3) = (0, 2/11, 3/22)$. 这时,$\sigma = v_1 + v_2 + v_3 = 7/22$,知道 Q 的最优混合策略 $q = (v_1/\sigma, v_2/\sigma, v_3/\sigma) = (0, 4/7, 3/7)$,而博弈的均衡值仍然是 $\omega = (1/\sigma) - \tau = 22/7 - 3 = 1/7$.

从原来的支付矩阵,很难料到 Q 应当永远不用策略 c. 这个例子充分说明,只有准确的模型思考,才能引导我们得到正确的策略.

在实际问题中,一方的纯策略往往不会只有两个. 如果说某一方只有三个纯策略的情形还可以借助卓越的空间想象能力用图解法来对付的话,那么当双方的纯策略数目为四个、五个甚至更多时,直接的图解法就行不通了. 幸亏线性规划问题已经有了很好的普适解法即单纯形法,因此,只要你学会了使用解线性规划问题的单纯形法等应用软件,凡是零和二人博弈你就都会解了.

我们已经介绍了如何在一个博弈中寻找纳什均衡的几种方法,然而在许多情况下,人们往往无需通过上面介绍过的劣势策略消去法、相对优势策略下划线法这样的方法,找出博弈的纳什均衡. 许多时候,纳什均衡是"看"出来甚至"猜"出来而不是"算"出来的. 有道是"大胆假设,小心求证". 科学研究讲究想象力,许多重大的科学发现,往往都是科学家先产生一个直觉判断,然后再通过严密的逻辑论证或者实验方法来论证直觉判断的正确性.这个直觉判断可以说就是猜,至少在证明或者证实以前是这样.经济学研究更是如此.经济学家一般先从现实中的经济现象出发,利用经济学直觉分析归纳出可能的经济学命题,然后再通过经济分析的方法论证命题.现在就让我们通过下面两个例子,体会一下经济学家风格的"大胆假设,小心论证"的思考方式.头一个例子是零和博弈,第二个例子是变和博弈.

假设两个人分一百块钱,每个人独立地提出自己要求的数额,并把要求写在一张纸上,然后由公正的第三方来主持和判定最终的分配结果.规则是这样的:设 x_1 为第一个人要求的数额,x_2 为第二个人要求的数额,如果 $x_1 + x_2 \leqslant 100$,则每个人得到自己要求的数额;否则,两人一分钱都得不到.

如果让读者来猜测这个博弈的纳什均衡结果,大多数人会认为 (50,50) 是一个合理的均衡结果. (50,50) 的确构成一个纳什均衡,读者的判断是正确的,而读者的正确推断则源于生活经验和逻辑直觉.

在猜出纳什均衡之后,我们所面临的下一个任务就是论证.现在我们要论证 (50,50) 是上述二人博弈的一个纳什均衡.我们前面已经强调过,纳什均衡的精髓,是没有一个参与人有动机单独偏离当前的策略选择.我们首先看参与人 1 的行为选择,给定参与人 2 选择 50,如果参与人 1 的选择不是 50,那他要么选择一个大于 50 的数额,结果自己一分钱都得不到,要么选择一个小于 50 的数额,结果所得比原来可得的 50 少. 因此,站在参与人 1 的角度考虑,他没有动机偏离 50 这个当前的选择. 同样,参与人 2 也没有积极性偏离当前 50 的选择. 所以,(50, 50) 构成一个纳什均衡.

但是,如果我们视野开阔多想一想,很容易就会发现,任何满足 $x_1 + x_2 = 100$ 的分配数额对子 (x_1, x_2) 都构成这个二人博弈的纳什均衡,因此,这个博弈存在许多个纳什均衡,我们把这个判断的论证,作为练习留给有兴趣的读者自行完成.

再看下面这个有趣的例子. 考虑这样一个有 N 个人参加的游戏: 每个人可任意放最多 100 块钱到一个可以生钱的机器里,机器把所有人放进去的钱的总和增加到原来的 3 倍,然后再平分给这 N 个人.

你能猜出这个 N 人博弈的一个纳什均衡并给出相应的证明吗?

聪明的读者容易猜到这样一些纳什均衡: 当 N = 1 和 2 时,每个人都愿意出 100 块钱是博弈的纳什均衡; 当 $N \geqslant 4$ 时,没有人愿意出钱是博弈的纳什均衡. 因为生活的直觉告诉我们,当参与分钱的人数大于钱增加的倍数时,对于任何一个参与人,自己出钱是件亏本的事情,只有当参与分钱的人数小于钱增加的倍数时,自己出钱才是划算的.

验证纳什均衡时我们需要牢记的,还是 "单独偏离没有好处" 这句话. 显然,当 $N = 1$ 时,如果该参与人不是出 100 块而是出 99 块,那么他将

得益 $99 \times 3 - 99 = 198$, 小于他出 100 块钱的得益 $100 \times 3 - 100 = 200$. 类似地可以验证, 只要他拿出的钱小于 100 块, 他的最终得益即支付都小于拿出 100 块钱时得到的支付, 所以他没有动机偏离"出 100 块钱"这一策略选择. 同样地, 当 $N = 2$ 时, 如果其中一个参与人不是出 100 块钱而是出 99 块钱, 那么给定另一个参与人出 100 块, 他的得益将是 $(100 + 99) \times 3 \div 2 - 99 = 199.5$, 小于他出 100 块钱时的得益.

比较困难的是验证 $N \geqslant 4$ 的情形. 事实上, 当 $N = 4$ 时, 给定其他参与人都不拿出钱来参与游戏, 如果其中一个参与人拿出 1 块钱, 则他的所得为 $(1 \times 3) \div 4 - 1 = -1/4 < 0$, 虽然其他参与人的所得是 3/4. 理性的参与人不会做这种损害自己的事. 同样的道理可以验证, 没有参与人愿意拿出 2 块、3 块、……、直到 100 块, 因为此时该参与人的所得都是负的.

学过初等代数的读者都容易验证, 只要参与游戏的人数大于 4, 给定其他参与人都采取不出钱的策略, 如果其中一个参与人采取出钱的策略, 出钱的参与人就必然得到负的支付, 也就是说要亏钱. 因此, 当 $N \geqslant 4$ 时, 没有参与人愿意出钱就构成该博弈的纳什均衡.

从前面的讨论我们知道, 当 $N = 1$ 和 2 时, 纳什均衡是每人都出 100 元; 当 $N \geqslant 4$ 时, 纳什均衡是大家都不出钱. 事实上, 当 $N = 1$ 和 2 时, 任何人出钱, 对于自己都是得利的事情; 当 $N \geqslant 4$ 时, 任何人出钱, 对于自己都是吃亏的事情.

有趣的是 $N=3$ 的情况. 这时候, 如果一位参与人向机器出比如说 9 元钱, 那么机器返还给他的还是 9 元钱, 于是他选择出 9 元钱的策略自己得到的支付为 $9-9=0$; 如果出 100 元钱, 那么机器返还给他的还是 100 元钱, 从而他选择出 100 元钱的策略得到的支付为 $100-100=0$, 同样是零. 可见, 这时候任何人出钱给机器, 对于自己都是不亏不赚的行为, 从而出钱给机器是没有经济利益的行为.

如果我们把上面这个事实理解为任何参与人增加或者减少给机器的钱, 对于自己都是不亏不赚的行为, 那么我们就知道, 这 3 个人随便每人选择给机器多少钱, 都是这个博弈的纳什均衡, 包括每人都不给钱和每人都给 100 元钱这两个极端情形.

每人都出 100 元钱这个纳什均衡特别值得注意. 这个纳什均衡具有最大的帕雷托优势. 虽然每个人单独出多出少都无所谓, 但是如果他们一起都出最多的 100 元, 他们每人都将得到 300 元的支付. 在这种情况下, 每个人单独来看都是出多出少无所谓, 十分需要有人引导或者协调他们, 让他们都出 100 元, 兑现老天爷准备给他们的恩赐.

经济学研究重视对经济现象的直觉, 直觉往往与观察力和想象力联系在一块.

零和博弈是对抗性最强的博弈, 是 "你死我活" 的博弈, 因为甲的每一点收益都是乙的损失, 同样, 乙的每一点收益都是甲的损失, 博弈双方, 毫无共同利益可言.

比起零和博弈, "囚徒困境" 博弈就进了一步, 虽然在每个局部,利益还是冲突,博弈双方要陷入困境,但是毕竟已经出现双赢的可能.虽然在理性人假设之下,一次博弈的囚徒困境无法实现双赢,但是如果囚徒困境博弈能够多次重复,在一定条件下双赢的可能将变得现实.大家记得,价格大战博弈也是囚徒困境博弈.

对抗性最小的是情侣博弈那样的博弈,虽然博弈双方难免打自己的小算盘,但是双方在大局上利益一致:对于每一个参与人来说,合作总是比不合作好.对于这一类博弈,基本上只是一个协调的问题,是一个在几个纳什均衡当中协调到哪一个纳什均衡的问题.当然,协调本身也是一个很大的问题.例如在情侣博弈中,如果阴差阳错情侣没有通好气,男孩好心独自选择芭蕾,女孩好心独自选择足球,结果也不好.

下面,我们就按照对抗性从强到弱的次序,排列三种代表性的博弈 (表 6.1):

表 6.1 博弈的对抗性排序

		我	
		红	黑
你	红	-1 / 1	1 / -1
	黑	1 / -1	-1 / 1

"你死我活"的扑克牌对色游戏

		百事可乐	
		低价	高价
可口可乐	低价	3 / 3	1 / 6
	高价	6 / 1	5 / 5

出现双赢可能的价格大战囚徒困境
但是理性假设下双赢可能难以实现

		丽娟	
		足球	芭蕾
大海	足球	1 / 2	0 / 0
	芭蕾	−1 / −1	2 / 1

个体利益与集体利益基本一致的情侣博弈
但还是需要协调到纳什均衡

上面三种博弈当中,囚徒困境和情侣博弈都有可能协调到双赢的结果. 这就引出**协调博弈** (games of coordination) 的概念. 协调博弈的概念有广义的和狭义的两种用法. 广义的协调博弈,包括所有可能协调出双赢对局的博弈,即使是囚徒困境那样需要附加条件并且多次重复才能够协调出双赢结果的博弈,也算在里面. 狭义的协调博弈,只指个体利益与集体利益基本一致的博弈,只指对于博弈参与人来说合作总比不合作好的博弈. 本书采取狭义的概念, 只把情侣博弈这样个体利益与集体利益一致的博弈, 叫做协调博弈.

现在看张维迎教授的论文中谈到的所谓"胖子过门"博弈 (表 6.2): 张三李四都是胖子, 要通过一个不宽的门. 如果都争先, 两人都过不去, 各得 −1; 如果都退让, 同样都过不去, 还是各得 −1; 如果一个先走一个后走, 先过去的得 2, 后过去的得 1.

表 6.2 "胖子过门"博弈

李四

	先走	后走
张三 先走	−1, −1	1, 2
后走	2, 1	−1, −1

胖子过门博弈与情侣博弈有什么不同呢? 其中一个不同, 是在胖子过门博弈中, 双方选择不同的纯策略, 才是共同利益所在. 而在情侣博弈, 双方选择相同的纯策略, 是共同利益所在.

再看下面的交通规则博弈 (表 6.3): 张三李四在没有交通规则的环境下迎面开车, 如果双方都靠右开车或者都靠左开车, 那么它们都相安无事交通顺畅, 可以各得 1; 如果一个靠右, 对面来的却靠左, 麻烦就大了, 将各得 −1.

表 6.3　交通规则博弈

李四

	靠右	靠左
张三　靠右	1 1	-1 -1
靠左	-1 -1	1 1

交通规则博弈与情侣博弈以及胖子过门博弈有什么不同呢？最大的不同，在于交通规则博弈的双赢是"彻底"的双赢．情侣博弈不是这样，情侣博弈的双赢，要么男孩子比女孩子更加高兴，要么女孩子比男孩子高兴一些；而胖子过门博弈的双赢，总是要求一方先走另外一方后走，先走的一方得益更多．但是对于现在的交通规则博弈，双赢之下没有谁占谁的便宜的事情，这种双赢真正做到你好我好大家好，是一种对对手好就是对自己好的博弈环境．

你看，我们已经谈到协调博弈里面和谐程度的进一步细分了．

现在让我们看看，胖子过门博弈和交通规则博弈，与我们早已熟悉的情侣博弈比较，还有什么其他不同，虽然它们都是协调博弈．我告诉你一个"很大"的不同：胖子过门博弈和交通规则博弈都是对称的博弈，但是情侣博弈不是对称的博弈．

不能责怪你没有比我更早发现这一点，因为到现在为止我们还没有讲过什么叫做对称什么叫做不对称. 事实上, 这里说的对称, 非常狭义地专指支付矩阵的对称性. 具体来说, 如果一个同时博弈的参与人的数目是 2, 而且可供每个参与人选择的纯策略的数目也是 2, 那么把这个博弈的田字格支付矩阵绕着田字格的中心逆时针或者顺时针旋转 180 度, 要是在每个位置 "新来" 的支付数字和 "旧有" 的支付数字完全一样, 我们就说这个博弈是对称的博弈.

现在你看, 交通规则博弈支付矩阵绕着田字格中心转 180 度以后, 1 还是 1, −1 还是 −1; 胖子过门博弈支付矩阵绕着田字格中心转 180 度以后, 1 还是 1, 2 还是 2, −1 还是 −1. 所以, 胖子过门博弈和交通规则博弈都是这一节所说的对称的博弈.

但是情侣博弈的支付矩阵绕着田字格中心转 180 度以后, 虽然 1 还是 1, 2 还是 2, 但是原来的 0 却变成了 −1, 原来的 −1 则变成了 0. 所以, 本书的情侣博弈, 不是这一节所说的对称的博弈.

这里我要告诉大家, 一般博弈论著作中的情侣博弈, 它们把它叫做性别之战, 都表述成表 6.4 那样的对称的博弈. 这样表述, 明显有不合理的地方: 如

表 6.4 实际上对称化了的情侣博弈

丽娟

	足球	芭蕾
大海 足球	1 2	0 0
芭蕾	0 0	2 1

107

果情侣分开,男孩看自己喜欢的足球,女孩看自己喜欢的芭蕾,各只得 0,为什么同样情侣分开,但是男孩看自己不喜欢的芭蕾,女孩看自己不喜欢的足球,却还是各得 0 呢?

那么不合理的表述,为什么会出现在许多最好的博弈论专家的著作和课本中?原来,包括博弈论学者在内的许多经济学家,都有一种对称性嗜好或者说对称性偏好,他们喜欢把自己的经济模型构造成对称的模型.

问题不在于对称就好看.主要的原因是对称的模型通常导致对称的结果.所以,如果模型是对称的,你做出结果来如果发现它不对称,马上可以怀疑结果不对,避免在弯路上走得太远,因为那样要付出过高的路径依赖成本.还有一个好处:如果模型是对称的,在你做出部分的结果的时候,往往可以利用对称性"依样画葫芦"就写出其他部分的结果,不必步步再做.

对称模型的好处如此之多,难怪经济学家在"无伤大雅"的情况下,都喜欢把本来不应该对称的模型,修改成对称的模型.是不是真的无伤大雅,就见仁见智了.但是的确有一些经济学家,"行大礼不拘小节",不管伤不伤,对称了再说,这也有道理.如果对称了好做,就对称了先做,做出样子了,再看看是否有必要修改.科学研究讲究先易后难,这么做不但无可厚非,常常还是捷径.

在说了这些故事以后,我们提醒初次接触对称性问题的读者小心,因为你对于对称性未必已经有准确的把握. 下面是一个对称的博弈, 非常对称, 但是关于这个博弈的纳什均衡, 你是否设想它们应该是对称的呢? 如果你真的这样想, 那是有点危险的, 因为按照这一节对于对称性的定位, 这个博弈的纳什均衡, 至少在几何上看起来, 非常不对称 (表 6.5).

表 6.5 博弈"对称"纳什均衡却"不对称"

	0	0
1	0	
	0	1
0	0	

请你尝试把这个博弈的纳什均衡找出来, 加深对于这一节所说的对称性的理解.

怡 情 测 试

在结束本书的时候,我们安排一个怡情的自我测试,让读者有机会检验一下自己对于本书的中心概念:纳什均衡是否已经有了比较准确的把握.

问题是这样的:

在一个没有交通规则的地方,人们开车行驶在一条公路上.于是对于怎样开车这个问题,每个人都有两个纯策略选择,一个是靠右开车,一个是靠左开车.问题是怎样开车才能安全行驶.

对于这个交通博弈,明显地有两个纯策略的纳什均衡,一个是所有人都靠右开车,一个是所有人都靠左开车.但是,这个交通博弈还有一个纳什均衡.

你能够把这第三个纳什均衡猜出来吗?猜出来以后,进一步你能够提供一个足以说服自己和别人的论证吗?

要是你能够准确地猜出第三个纳什均衡,那么你对于本书的内容掌握得已经相当不错,可以获得"良好"的评定.如果进一步你能够正确地论证它的确是纳什均衡,那么你应该获得"优秀"的评定;要是你的论证不但正确而且漂亮,那么你的领悟就可称"出色"了.

为了使整个讨论不会产生不必要的混淆,需要更加详细地交待上述交通博弈的所有细节:这是一条双向各一个车道的公路,车辆只能靠右行驶或者靠左行驶,而且所有车辆的行驶速度自始至终都一样.

这当然是理想情况. 相信你不至于因为它是理想情况,就不屑于讨论.

愿意思考的读者,有些可能会问:到哪里去找正确答案啊?

对此我们要说:正确的答案应该在你心中.

我们这样说,固然因为马上就写出答案,会使这个原来很有意思问题立刻变得很没有意思,更加重要的考虑则是,如果你经过思考猜出正确的答案,你一定深信不疑. 要是你觉得似乎猜出又不知道猜得对不对,那么我们不能够算你是猜出了这第三个纳什均衡. 你的阅读和思考最终是否应该评为"良好",需要这样掌握.

至于是否应该评定为"优秀"甚至"出色",则可以通过与一起读这本书的朋友交流讨论来确认,看你的论证能否令其他读者信服,能否得到他们的赏识.

看来有点讲究自得其乐. 这,却正是读书的境界.

后　　记

最近三四十年,经济学经历了一场博弈论革命.1994年度的诺贝尔经济学奖授予美国的**哈萨尼**(John C.Harsanyi)教授、**纳什**(John Forbes Nash, Jr.)教授和德国的**泽尔滕**(Reinhard Selten)教授三位博弈论专家,2005年度的诺贝尔经济学奖又授予美国的**奥曼**(Robert Aumann)教授和**谢林**(Thomas C. Schelling)教授两位博弈论专家,可以看作是博弈论成熟的标志.五位诺贝尔奖桂冠学者当中,纳什和奥曼的论文,都是非常数学化的论文,以至于少数经济学家一度发出"他们又把经济学奖颁给了数学家"的感叹.

的确,当代主流经济学研究方法的主体,已经相当数学化.但是作为对比,如果少数经济学家曾经感叹经济学研究方法的数学化的话,那么更多社会学家和人文学科的知识分子,却在感叹作为整体的经济学家,怎么会那么偏好数学表达.问题在于,如果能够成功地采用数学形式表达出来,就会极大地提高验证效率、交流效率和应用效率.

本书可以说是一本给中学生介绍博弈论纳什均衡概念的小册子. 关于本书的难度, 除了介绍颤抖手精练纳什均衡的一小节需要数学分析的极限概念以外, 其余在代数方面基本上就是数字计算并且比较大小, 在几何方面就是懂得在平面直角坐标系上画直线. 对于没有学过极限概念的读者, 跳过介绍颤抖手精练纳什均衡的一小节, 并不影响后面的阅读.

我们努力写得浅显通俗, 做到读者友好. 我们电子信箱是:Lnswzk@mail.sysu.edu.cn 和 ch84111987@163.com, 敬祈读者和专家帮助和批评.

王则柯　识于丁亥年夏

郑重声明

高等教育出版社依法对本书享有专有出版权。任何未经许可的复制、销售行为均违反《中华人民共和国著作权法》，其行为人将承担相应的民事责任和行政责任；构成犯罪的，将被依法追究刑事责任。为了维护市场秩序，保护读者的合法权益，避免读者误用盗版书造成不良后果，我社将配合行政执法部门和司法机关对违法犯罪的单位和个人进行严厉打击。社会各界人士如发现上述侵权行为，希望及时举报，我社将奖励举报有功人员。

反盗版举报电话　　（010）58581999　58582371
反盗版举报邮箱　　dd@hep.com.cn
通信地址　北京市西城区德外大街4号　高等教育出版社法律事务部
邮政编码　100120

读者意见反馈

为收集对教材的意见建议，进一步完善教材编写并做好服务工作，读者可将对本教材的意见建议通过如下渠道反馈至我社。

咨询电话　400-810-0598
反馈邮箱　hepsci@pub.hep.cn
通信地址　北京市朝阳区惠新东街4号富盛大厦1座
　　　　　高等教育出版社理科事业部
邮政编码　100029